KB122877

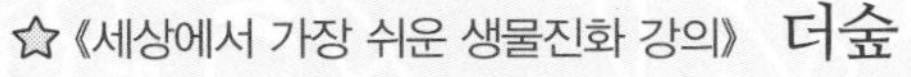

파충류가 하늘로도 진출하여 최초로 하늘을 난 척추동물 코일루로사우라부스가 등장하다.
대규모 화산 활동으로 오존층이 파괴되고 이산화탄소가 증가해 생물 86%가 멸종하다.

트라이아스기 2억 5,200만 년 전~2억 100만 년 전

파충류의 대활약, 공룡과 포유류 등장하나 네 번째 대멸종이 일어나다

견치류에서 포유류가 탄생하나 공룡을 피해 야행성으로 활동하다.
네 번째 대멸종에서 살아남은 공룡이 1억 년 넘게 왕좌를 차지한다.

쥐라기 2억 100만 년 전~1억 4,500만 년 전

공룡이 지배하는 세상에서 포유류, 겁에 질려 살다. 꽃이 피어나다

트라이아스기 생태계의 왕 크루로타르시류가 사라지자 공룡의 시대가 시작되다.
포유류는 하늘과 물로 진출하고, 대륙이 나뉠 무렵 꽃을 피우는 종이 탄생하다.

백악기 1억 4,500만 년 전~6,600만 년 전

몸집 작은 공룡과 포유류만 살아남는 다섯 번째 대멸종 시대

작고 깃털 가진 티라노사우루스류가 거대해져 육상생물 중 최강 티라노사우루스 렉스로 탄생.
거대 운석이 떨어져 생태계 균형이 붕괴되어 대형 동물은 멸종하다.

세상에서 가장 쉬운

생물진화 강의

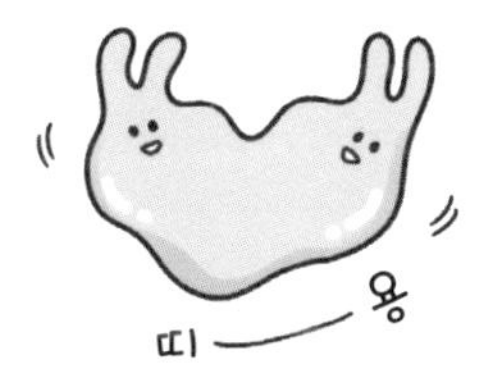

세상에서 가장 쉬운

생물진화 강의

다네다 고토비 지음 | 쓰치야 겐 · 박진영 감수 | 정문주 옮김

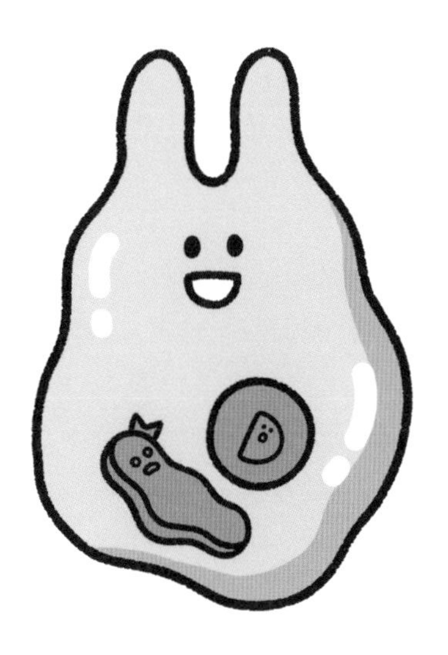

더숲

YURUYURU SEIBUTSU NISSHI : HARUKA MUKASHI NO SHINKA GA YOKU WAKARU by Kotobi Taneda
Supervised by Ken Tsuchiya
Copyright ⓒ Kotobi Taneda, 2019
All rights reserved.
Original Japanese edition published by WANI BOOKS Co., LTD.
Korean Translation Copyright ⓒ 2022 by The Forest Book Publishing Co.
This Korean edition published by arrangement with WANI BOOKS CO., LTD., Tokyo, through HonnoKizuna, Inc., Tokyo and BC Agency.

이 책의 한국어판 저작권은 BC에이전시를 통해 저작권자와 독점계약을 맺은 도서출판 더숲에 있습니다.
저작권법에 의해 한국 내에서 보호를 받는 저작물이므로 무단전재와 무단복제를 금합니다.

일러두기

* 이 책에 나오는 연대는 원서에 따라 International Commission on Stratigraphy, v2018/07, INTERNATIONAL STRATIGRAPHIC CHART를 참고했습니다.
* 본문 아래에 있는 설명은 옮긴이 주입니다.

시작하기 전에

이게 바로 '자연 선택'입니다.
살아남은 생물의 유전자가
다음 세대로 계승되면서
외모와 능력이 조금씩 변화해 가죠.
생물은 이렇게 '진화'한답니다.

와작
와작

그럼 유전자란
무엇일까요?
오,
내 얘기
나온다.

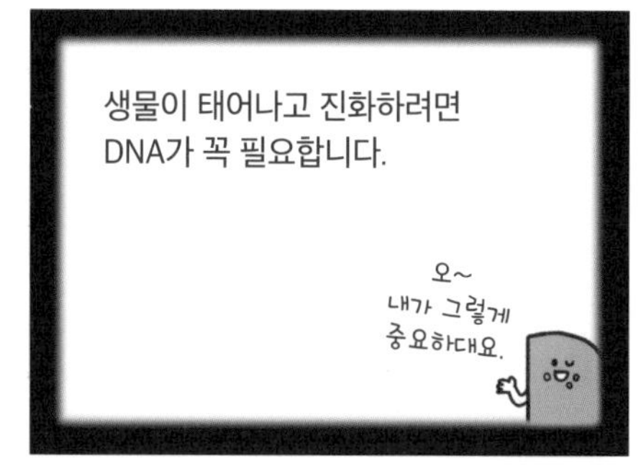
생물이 태어나고 진화하려면
DNA가 꼭 필요합니다.
오~
내가 그렇게
중요하대요.

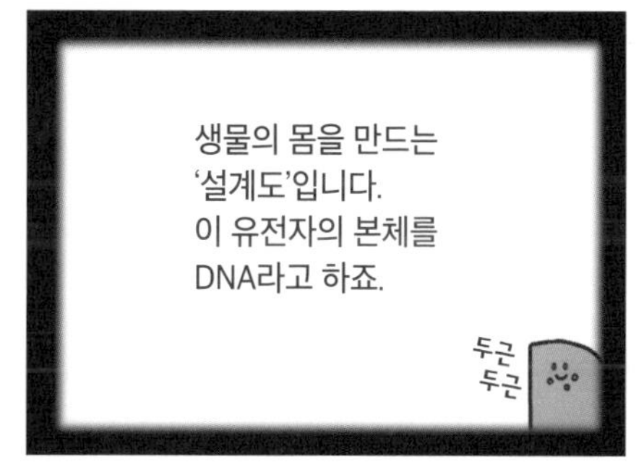
생물의 몸을 만드는
'설계도'입니다.
이 유전자의 본체를
DNA라고 하죠.
두근
두근

파팟!

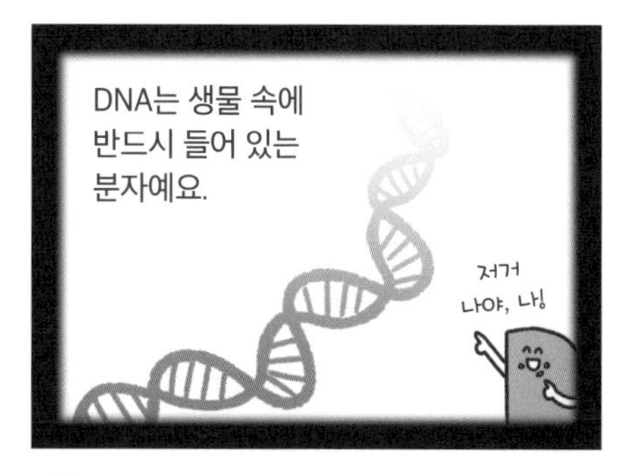
DNA는 생물 속에
반드시 들어 있는
분자예요.
저거
나야, 나!

여러분
재밌겠죠?

DNA가 책이라면
유전자는
그 안에 든 정보라고
할 수 있죠.

진화란
오랜 세월에
걸쳐
자연 선택으로
이루어진
결과입니다.

DNA는… 제 얘기예요.
DNA도 역사가 참 기네요.

에헴… 오랫동안
함께해 주셔서 감사합니다.

그럼 46억 년 전으로
같이 가실까요?

간다, 간다.

김과자

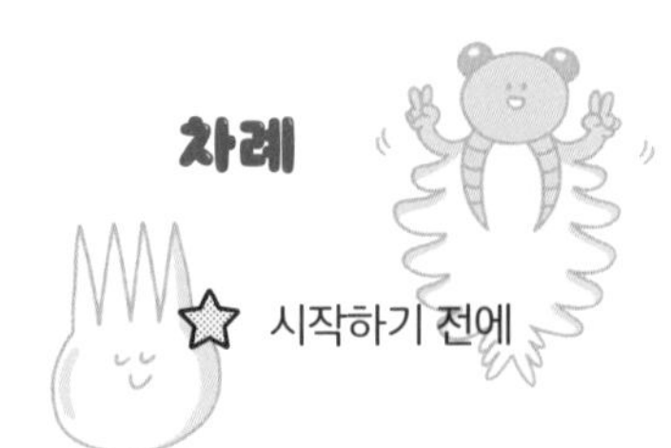

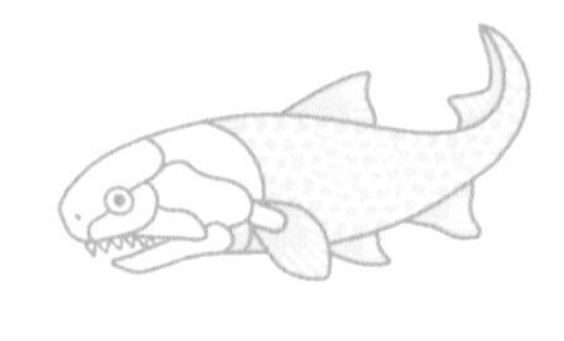

차례

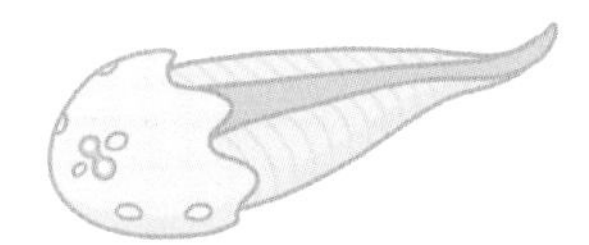

Precambrian
46억 년 전~5억 4,100년 전

에디아카라기
6억 3,500만 년 전~
5억 4,100만 년 전

캄브리아기
5억 4,100만 년 전~
4억 8,500만 년 전

오르도비스기
4억 8,500만 년 전~
4억 4,400만 년 전

실루리아기
4억 4,400만 년 전~
4억 1,900만 년 전

데본기
4억 1,900만 년 전~
3억 5,900만 년 전

석탄기
3억 5,900만 년 전~
2억 9,900만 년 전

페름기
2억 9,900만 년 전~
2억 5,200만 년 전

트라이아스기
2억 5,200만 년 전~
2억 100만 년 전

쥐라기
2억 100만 년 전~
1억 4,500만 년 전

백악기
1억 4,500만 년 전~
6,600만 년 전

선캄브리아 시대

지구가
탄생하고
생물이 최초로
등장한 시대

지구 탄생

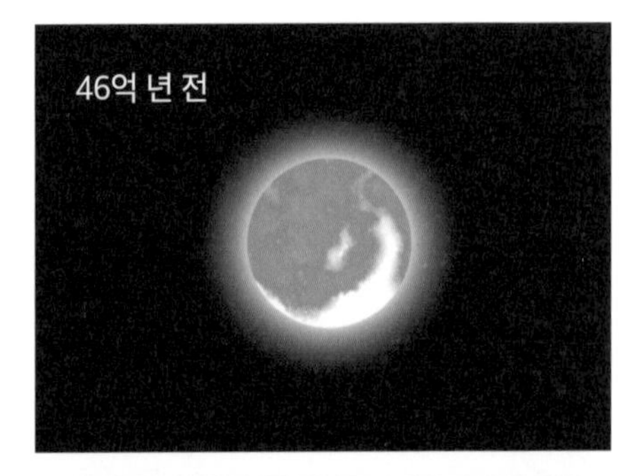

미행성의 충돌로
대기에는 수증기가 넘쳤고
와글
와글

수증기의
온실 효과로
지구 표면은
바위가
녹을 만큼
뜨거워졌다.
흐물흐물

뜨거워.
헉헉!
힘들어.

지구 마그마 시대
쾅!
제발
그만해!

거대 충돌 가설

행성 테이아입니다.
출발할게요.

얍!
악!

슈—웅
많이 다쳤어.

달의 탄생
야~압
쟨 또 뭐야?

하루의 길이

하루가
왜 이리
길어지지?

아, 그건 내가 당겨서 그래.

달이 끌어당기는
힘 때문에
해수면에
마찰이 생겨서
지구의 자전이
느려진 것이다.

만유인력
돌게 해 줘!

바다 탄생

드디어 행성의 충돌이 사라진 지구
아, 좋아.
시원해졌어.

대기 중
수증기는
식으면서
바이
바이
내려간다!

오랫동안
비로 내렸다.
엄청나게
내리는군.

그리고
바다가 생겼다.

판스페르미아 가설

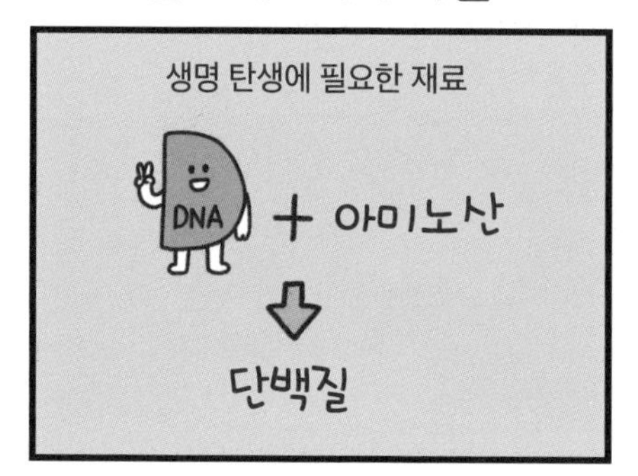
생명 탄생에 필요한 재료
DNA
+ 아미노산
단백질

그런 거 없어. 없다고!
뭐, 아미노산?
그때 지구에는 아미노산이 없었다는 얘기가 있다.

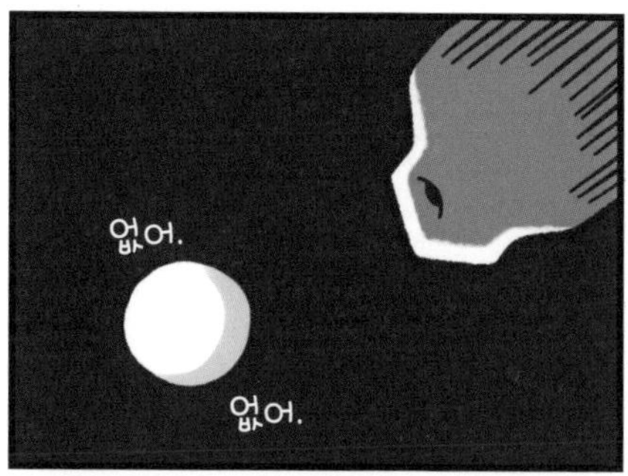
없어.
없어.

없어, 없어.

쿵!
아악!

우주에서 날아온 운석에 아미노산이 붙어 있었다고 본다.
오, 여기가 지구?
야호! 도착했다.

RNA 세계 가설

원시 바다에서 생명에 필요한
또 다른 재료가 탄생했다.

그러던 어느 날

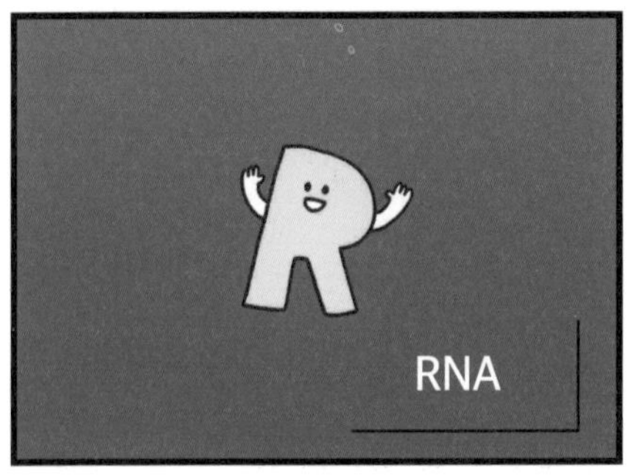
RNA

넌 누구니?
단백질이야.

특기는 자기 복제!
예이~
짜잔~!

아미노산을 이용해
단백질을
합성하는
물질이
나타났다.

꼬물꼬물
꼬물꼬물
꼬물꼬물

'외부 세계와 차단.'
이는 생물이
갖춰야 할 조건 중
하나다.

게다가
복제 실패
복제 오류

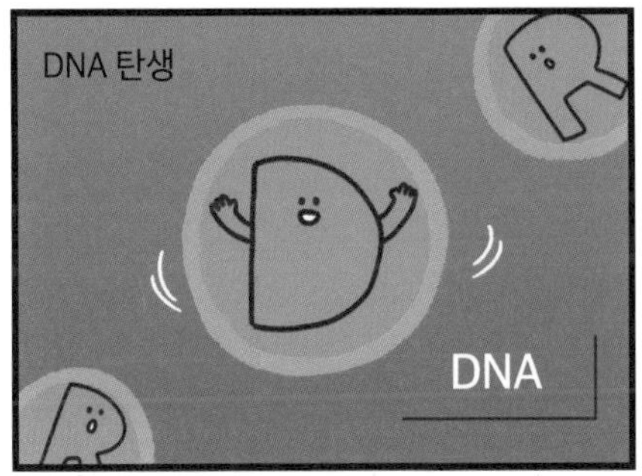
DNA 탄생
DNA

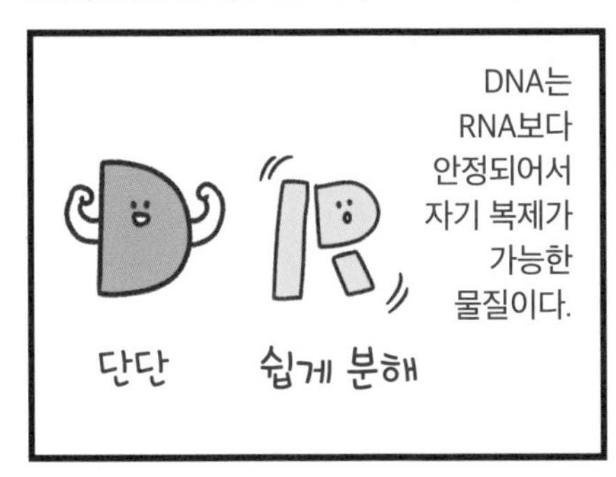
DNA는
RNA보다
안정되어서
자기 복제가
가능한
물질이다.
단단
쉽게 분해

증가
증
가
증가

난 이 세상에
보란 듯이 살아남을 거야.

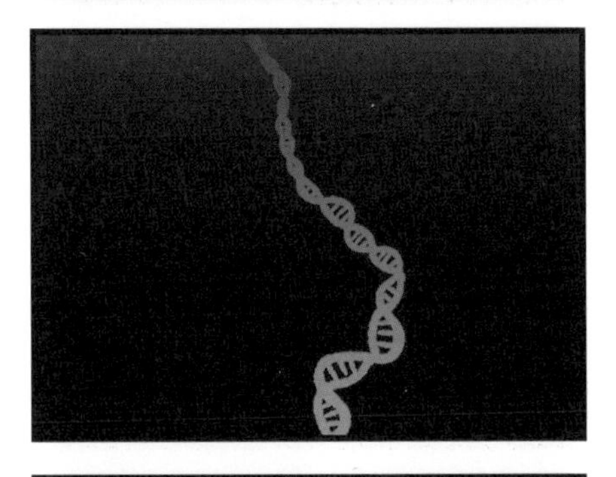

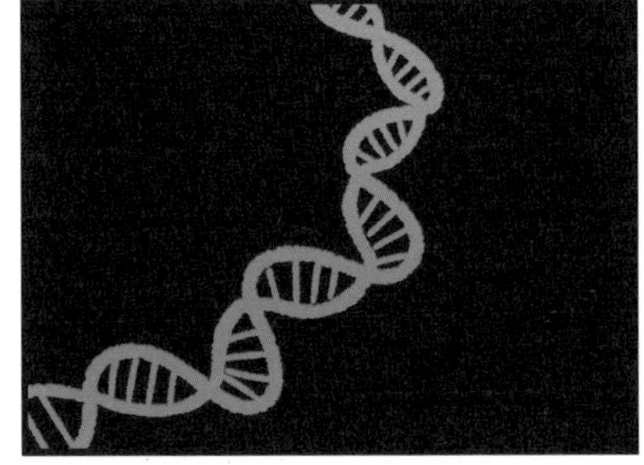

생명 탄생

재료들은 녹아 뒤섞였고

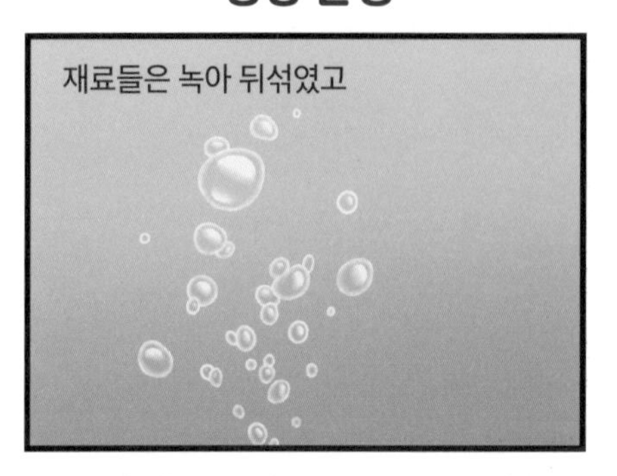

엄청나게 긴 시간이 흐른 뒤

최초의 생명이 탄생한다.

고세균 탄생

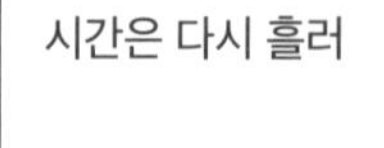

시간은 다시 흘러

진정 세균이 탄생했고

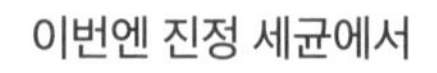

이번엔 진정 세균에서

남세균이 탄생했다.

남세균은 광합성을 할 수 있었다.

진짜 진짜 애썼네.

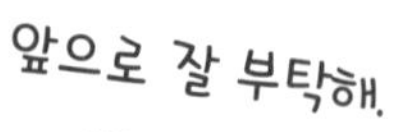

산소에 오염되는 지구

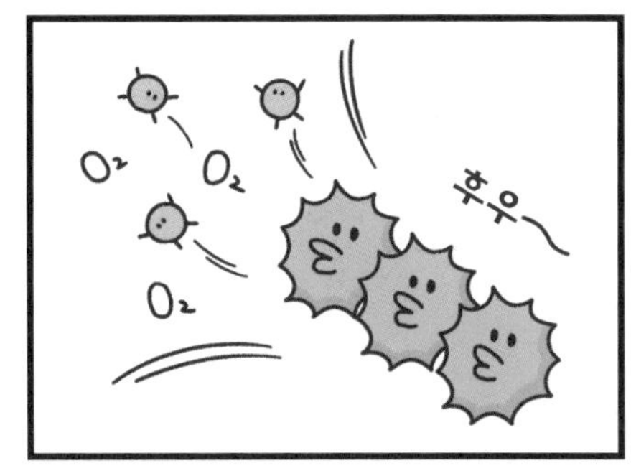

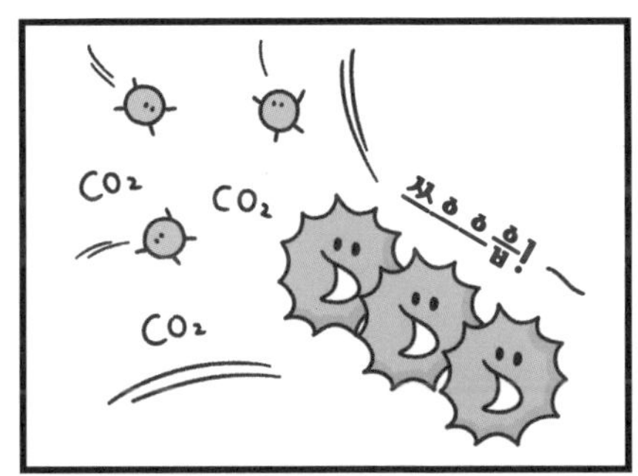

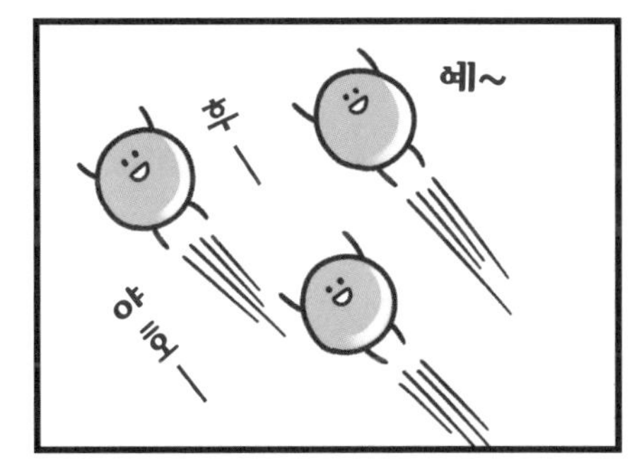

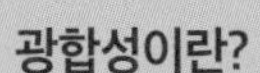

광합성이란?
물과 이산화 탄소로 유기물을
만드는 행위를 말한다.
이때 산소가 발생한다.

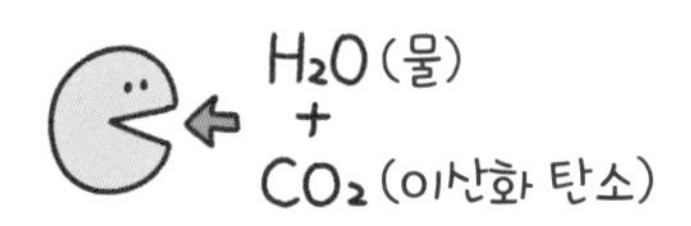

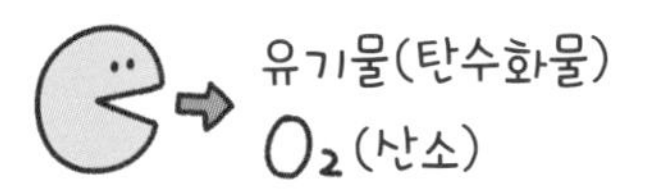

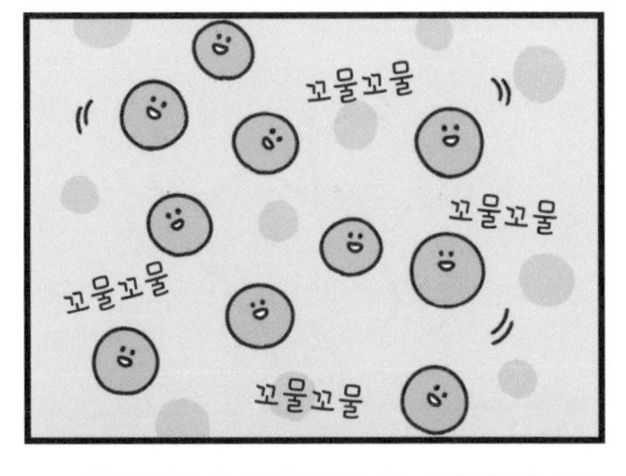

산소는 강한 독

선캄브리안 시대의 생물에게
산소는 강한 독이었다.

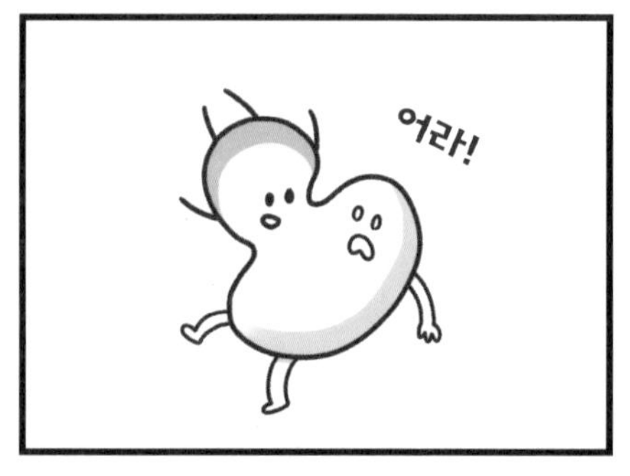

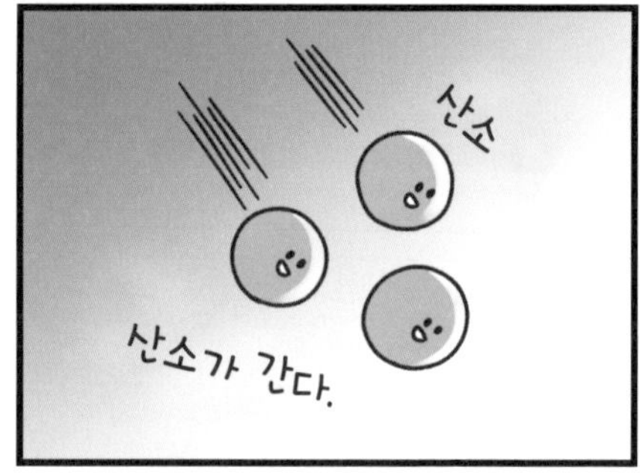

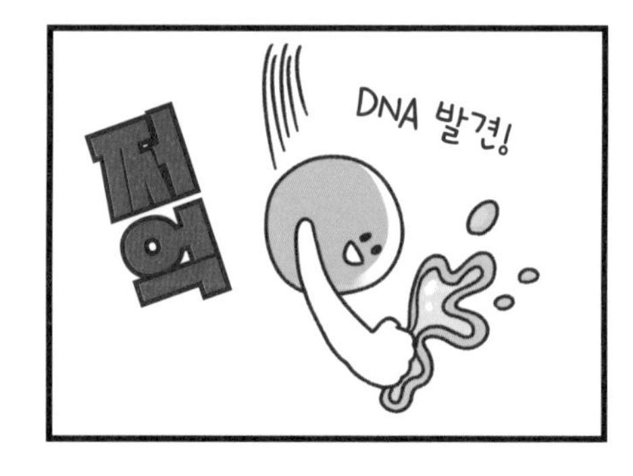

도망쳐!
무서워!

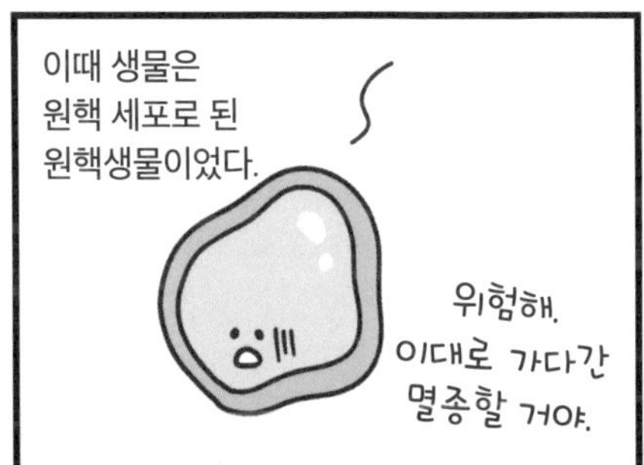
이때 생물은
원핵 세포로 된
원핵생물이었다.
위험해.
이대로 가다간
멸종할 거야.

그래!
DNA에
벽을 만들면
되겠다!

부탁 좀 하자.
벽을 만들어 줘.

핵 탄생
좋아!
지켜 줄게.
내게 맡겨.

안 돼!
막혔어.

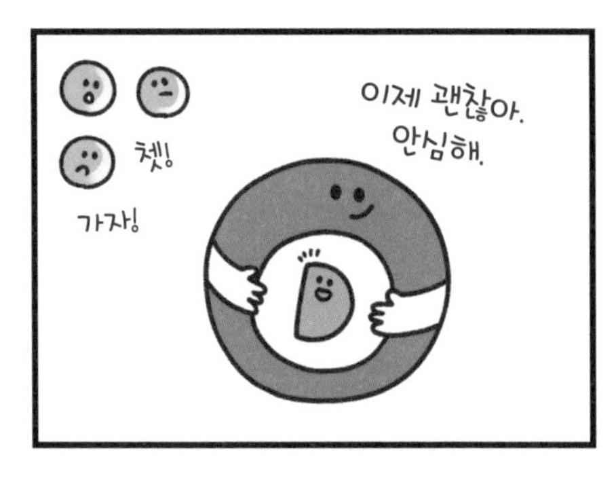
이제 괜찮아.
안심해.
쳇!
가자!

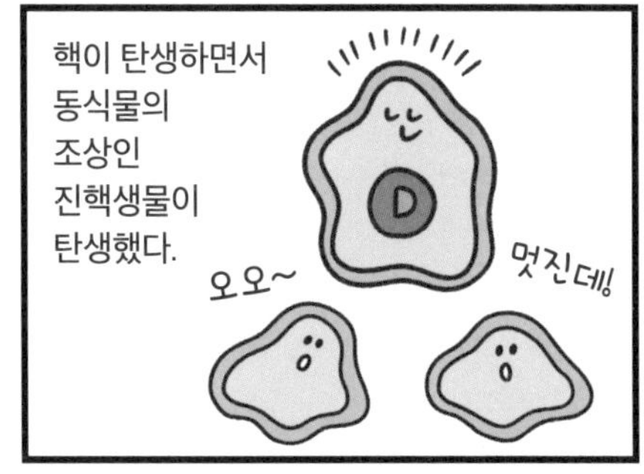
핵이 탄생하면서
동식물의
조상인
진핵생물이
탄생했다.
오오~
멋진데!

계통

생물은 세 계통으로 분류된다.

고세균
(원핵 세포)

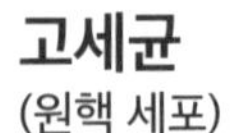

메테인 생성균,
호열균,
극호염균 등

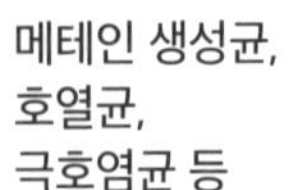

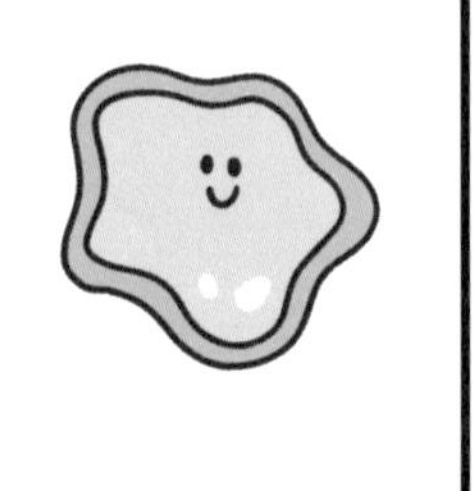

진정 세균
(원핵 세포)

남세균,
젖산균,
대장균 등

진핵생물
(진핵 세포)

아메바,
동물,
식물 등

미토콘드리아 탄생

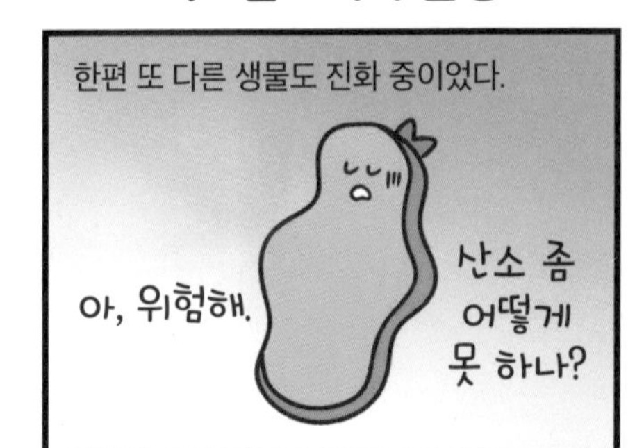

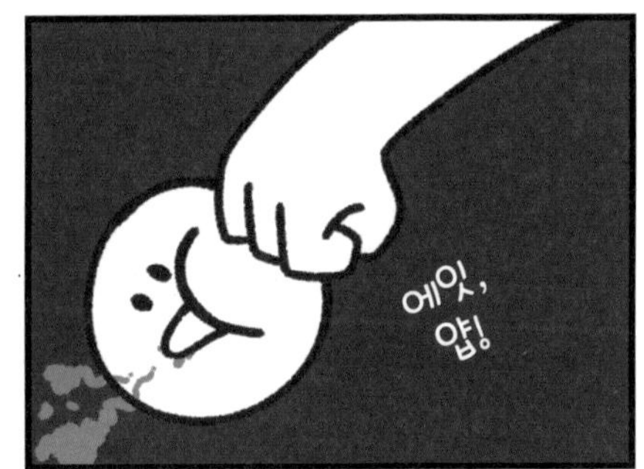

이 얏!

헉!
어어…
놀라라.

한번
먹어 볼까?
의외로
약하네.

호기성 생물이 된
미토콘드리아가
탄생했다.
우왕
맛있다♡

세포 내 공생

남세균입니다.
산소가 많아지게 해서 죄송해요.

진핵생물입니다.
핵을 만들었어요.

미토콘드리아예요.
산소를
가둬 버리죠.

그렇답니다.
어, 그래?

흐~음
뭐 그리 대단하지는
않지만… 호호.

그 능력 나 줘.
어머머!

이렇게 호기성 생물을 삼킨 진핵생물은
미토콘드리아 군, 넌 정말 대단해!
미토콘드리아야! 우리 공생하자, 응?
산소를 에너지로 삼아 살아가게 된다.

엽록체의 조상

있잖아,
들었어?

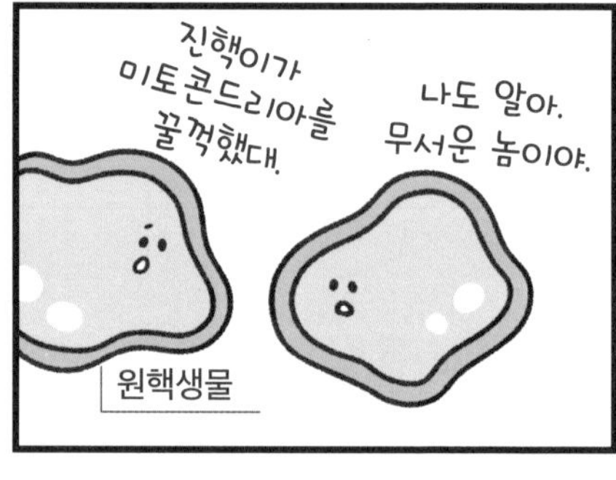
진핵이가 미토콘드리아를 꿀꺽했대.
나도 알아. 무서운 놈이야.
원핵생물

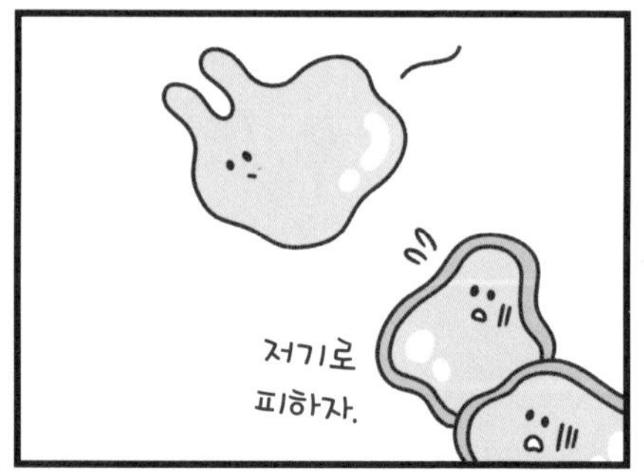
저기로 피하자.

난
누구보다도
강해질
거야.

남세균
광합성을
한다지?

앗!

크, 좋다!
광합성
편하네.

그런데
세포에
물이 차서
속이
울렁거려.

그래! 세포에 벽을 세워서
단단히 지키자.

식물의
조상이
탄생했다.
움직일 수
없어.
어,
어라?

다세포 생물 탄생

띠――용!

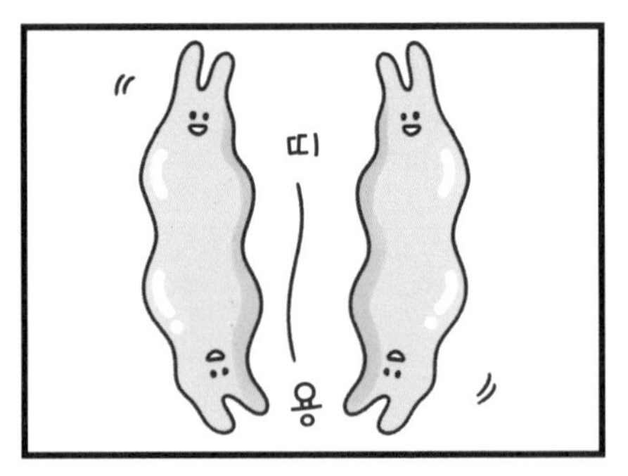
띠
용

이거 꽤
힘든걸.
우리
얼굴이
똑같아.

유성 생식

좋아.
좋아.
행동도 통일하지 않을래?

숫자가 많으니까 일을 나누자.
그래.
그러자.

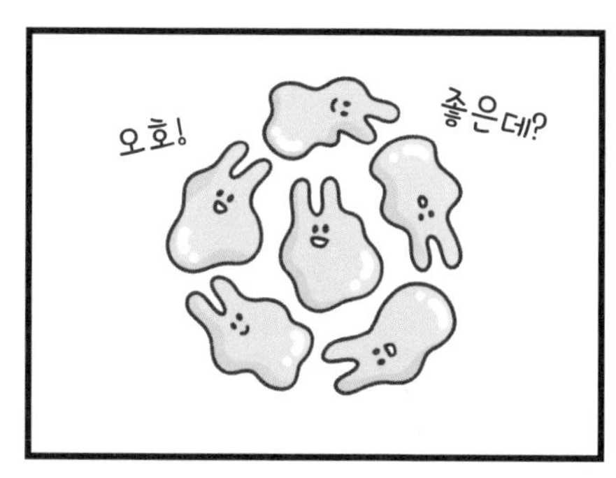
좋은데?
오호!

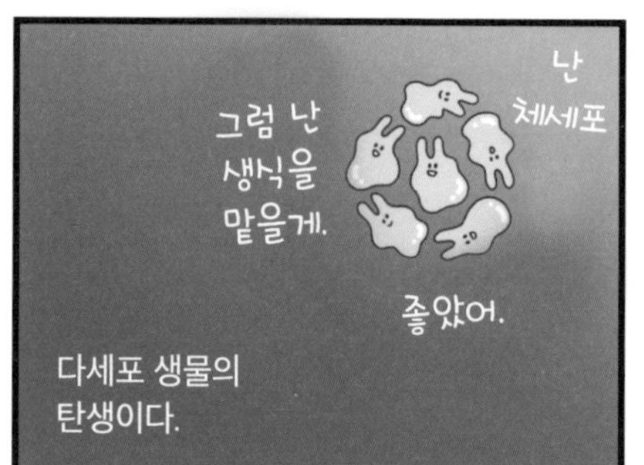
난 체세포
그럼 난 생식을 맡을게.
좋았어.
다세포 생물의 탄생이다.

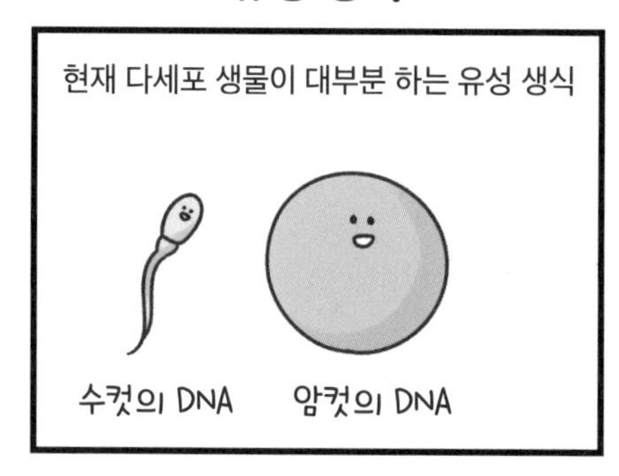
현재 다세포 생물이 대부분 하는 유성 생식
수컷의 DNA
암컷의 DNA

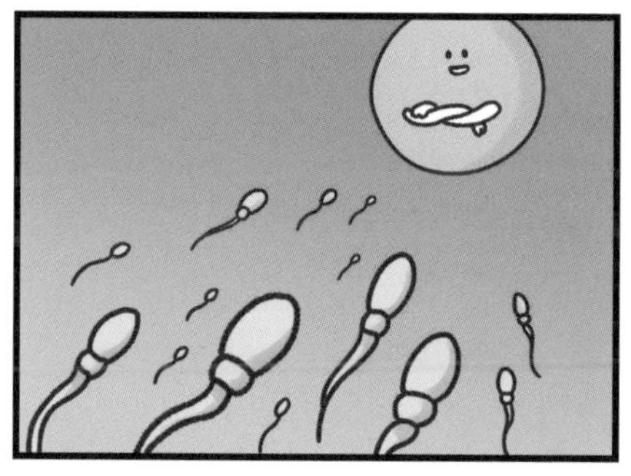

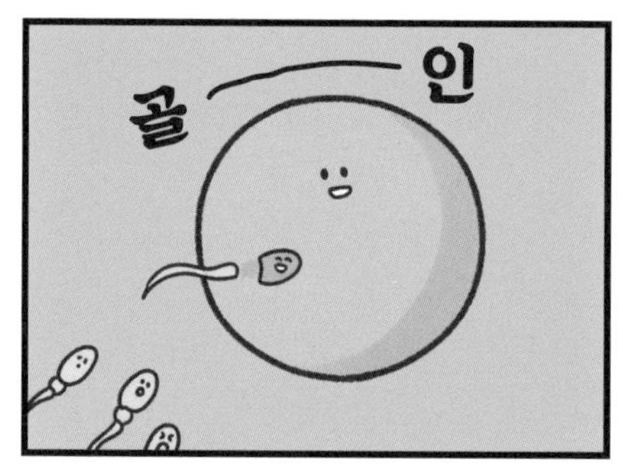
골――인

어서 와, 내 짝꿍.
에헤헤

이때 수컷 미토콘드리아는 계승되지 않는다.
싹둑

휙
미토콘드리아

유전자
획득

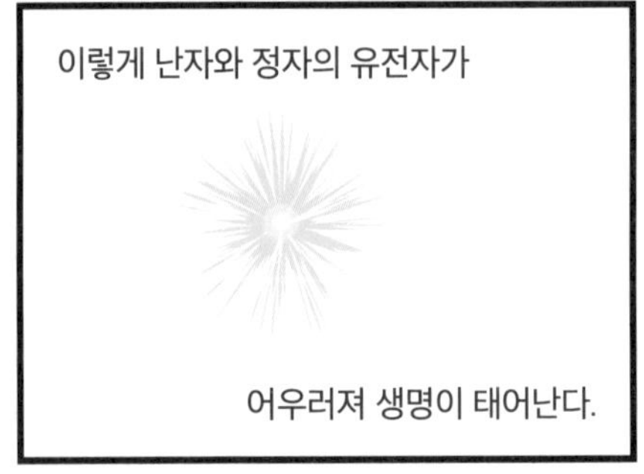
이렇게 난자와 정자의 유전자가
어우러져 생명이 태어난다.

유성 생식과 감수 분열

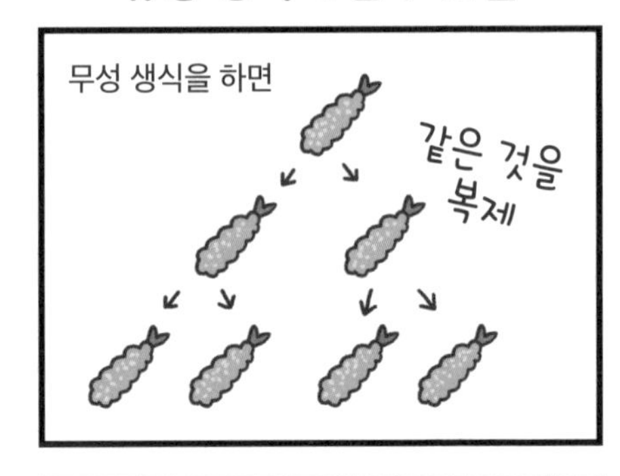
무성 생식을 하면
같은 것을 복제

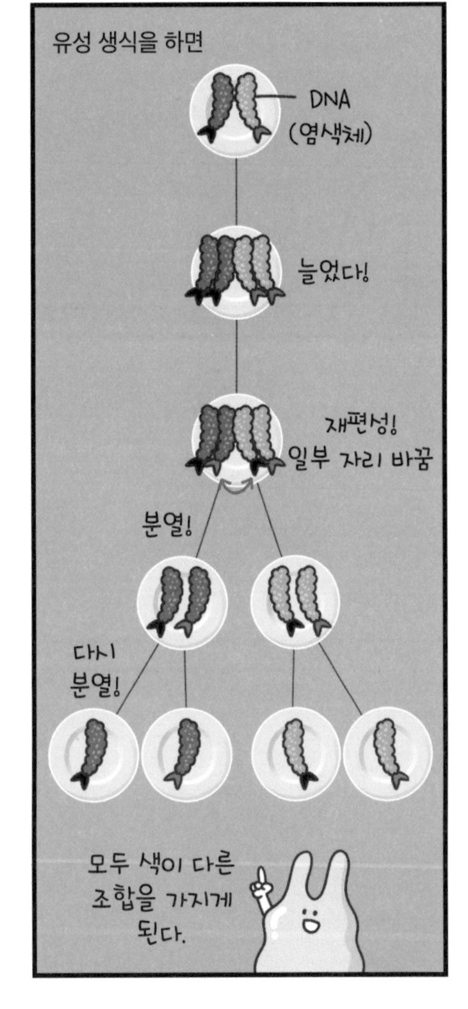
유성 생식을 하면
DNA (염색체)
늘었다!
재편성! 일부 자리 바꿈
분열!
다시 분열!
모두 색이 다른 조합을 가지게 된다.

재편성 덕에
이렇게
되었어!

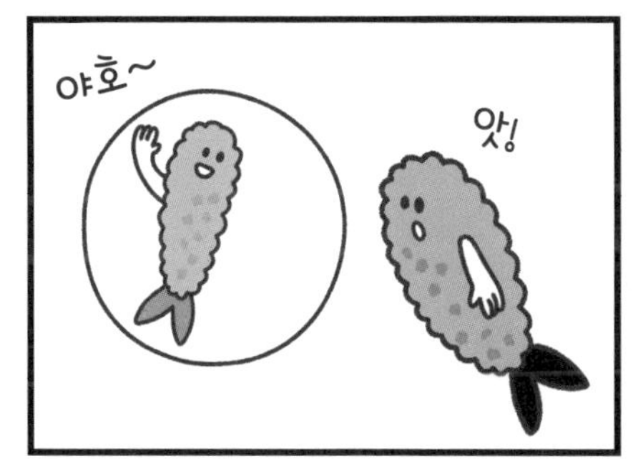
야호~
앗!

같은 접시에
있으니
느낌 좋네.

이렇게 하면
무한대로 조합할 수
있어서 우리는 각자
다른 유전자를
갖게 된다.

개성이
폭발하는 거야!

Ediacaran Period
6억 3,500만 년 전~5억 4,100만 년 전

선캄브리아 시대
46억 년 전~
5억 4,100년 전

캄브리아기
5억 4,100만 년 전~
4억 8,500만 년 전

오르도비스기
4억 8,500만 년 전~
4억 4,400만 년 전

실루리아기
4억 4,400만 년 전~
4억 1,900만 년 전

데본기
4억 1,900만 년 전~
3억 5,900만 년 전

석탄기
3억 5,900만 년 전~
2억 9,900만 년 전

페름기
2억 9,900만 년 전~
2억 5,200만 년 전

트라이아스기
2억 5,200만 년 전~
2억 100만 년 전

쥐라기
2억 100만 년 전~
1억 4,500만 년 전

백악기
1억 4,500만 년 전~
6,600만 년 전

에디아카라기

눈으로
볼 수 있는
크기의
생물이
나타난 시기

에디아카라 낙원

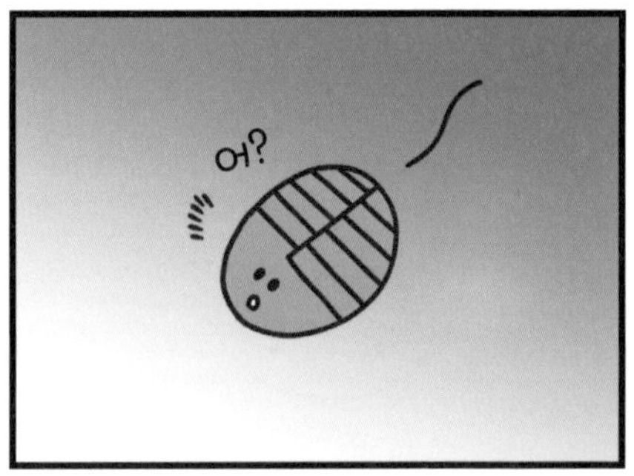

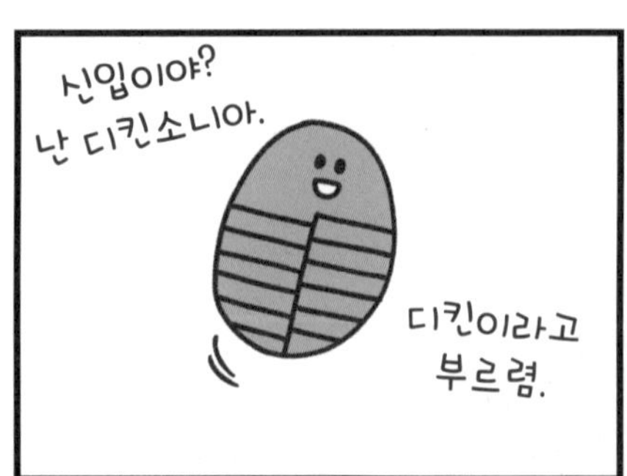

엄청나게 진화한 몸이란다.
아직은 눈도 이도 없지만 말이야.

앞이 안 보이는 덕에 우린 아주 느긋하게 살아.
싸움 같은 건 아예 안 하지.

아, 이거? 원래는 없는 건데.
이거
캐릭터 만드느라 그냥 그린 거야.

다툼이 없던 이 시기를 '에디아카라 낙원' 이라고 부른다.
우리 잘 지내 보자.
어! 으음

실험

오늘도
평화롭구나.

안녕, 트리브라키디움
안녕!

넌 참 별나게 생겼다.
뭐라고? 별나다고?

아, 정말 낙원이다.
다툼이 없는 낙원은 3,000만 년이나 이어졌다.
별나게 생겨?
??
?
하지만

에디아카라 생물군

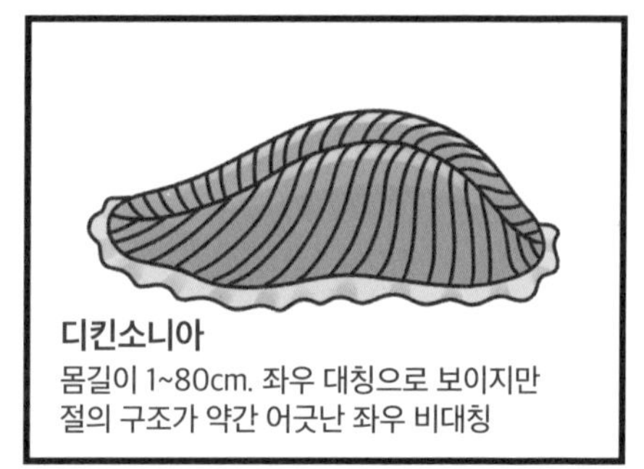

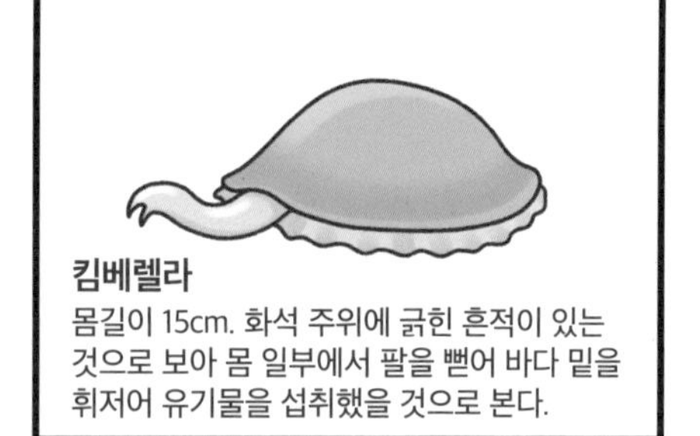

* 유연 관계는 생물들이 분류학적으로 어느 정도 가까운가를 나타내는 관계를 말한다.

눈이 생기다

다투지 않고 살던 어느 날
내가 그 녀석에게 이렇게 말했지.
뭐라고?

……

너 혹시 사촌기냐?
와하하!

꼴깍
덥석

앞이 보이니까 좋다!

낙원에 어느 날 갑자기 눈을 가진 생물이 나타났다.
뭔가가 보인다…

눈이 생기자 세상에는 매우 다양한 생물이 탄생하게 된다.
야호~

Cambrian Period

5억 4,100만 년 전~4억 8,500만 년 전

캄브리아기

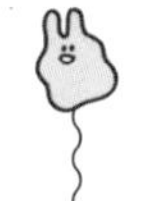

선캄브리아 시대

46억 년 전~
5억 4,100년 전

에디아카라기

6억 3,500만 년 전~
5억 4,100만 년 전

오르도비스기

4억 8,500만 년 전~
4억 4,400만 년 전

실루리아기

4억 4,400만 년 전~
4억 1,900만 년 전

데본기

4억 1,900만 년 전~
3억 5,900만 년 전

석탄기

3억 5,900만 년 전~
2억 9,900만 년 전

페름기

2억 9,900만 년 전~
2억 5,200만 년 전

트라이아스기

2억 5,200만 년 전~
2억 100만 년 전

쥐라기

2억 100만 년 전~
1억 4,500만 년 전

백악기

1억 4,500만 년 전~
6,600만 년 전

눈이 있는
생물과
최초의
척추동물이
등장하다

괴물 위악시아

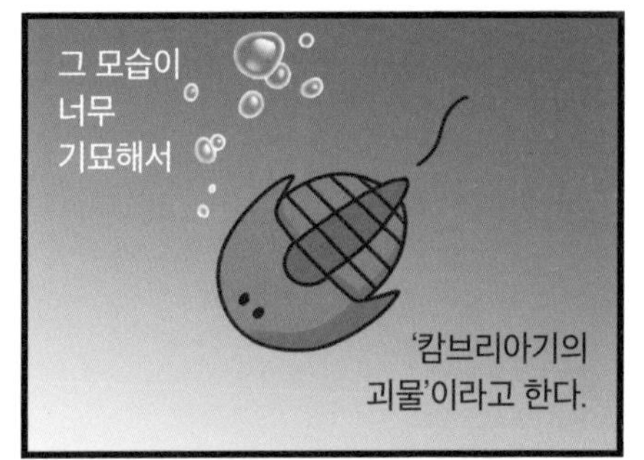

눈이 있으니까
먹이를 잡기는 쉬운데
잡아먹히기도
쉽단 말이야.
맞아, 맞아.

그래서 난
이렇게
뾰족한
가시 모양을
만들었어.
연체동물
위악시아

어? 왜?
무슨 일인데?

으히히...

위험해!
아노말로카리스다~

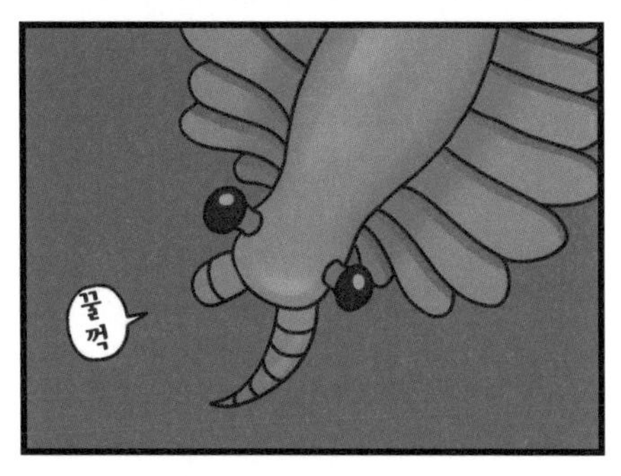

꿀꺽

포식자 아노말로카리스

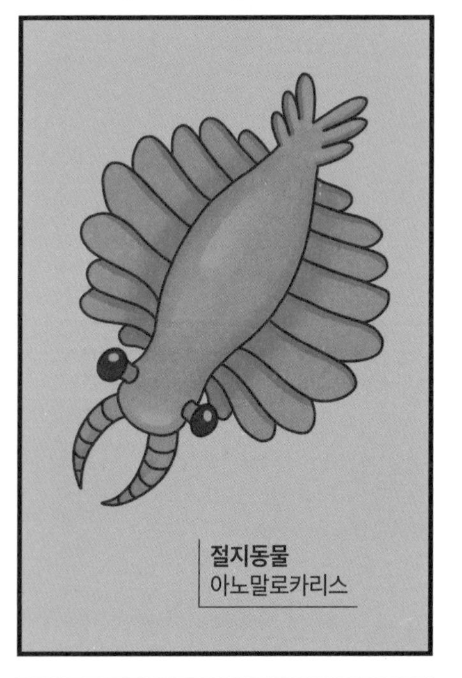

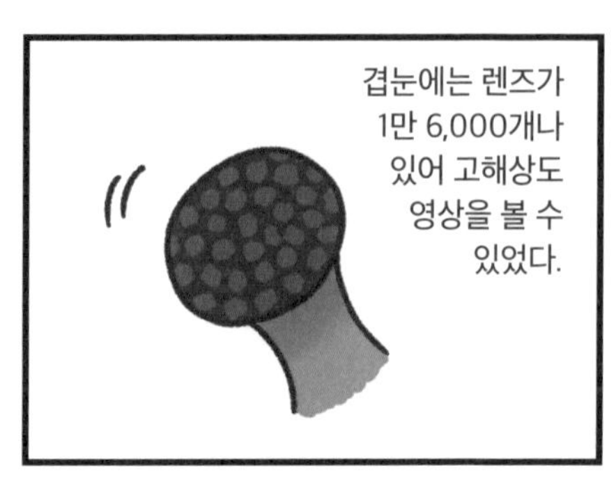

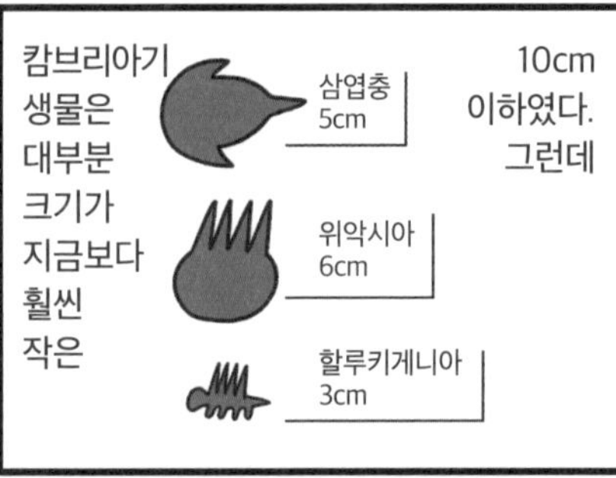

* 무는 힘은 물체를 무는 턱의 힘을 가리키며 치악력이라고도 한다. 무는 힘을 체중으로 나누어 힘의 단위인 뉴턴(N)으로 표시한다.

기묘한 생물들

기묘한 생물은
또 있다.
할루키게니아

절지동물
오파비니아

무서워!
눈이 다섯 개나
달린 녀석은
그야말로 괴물이었다.

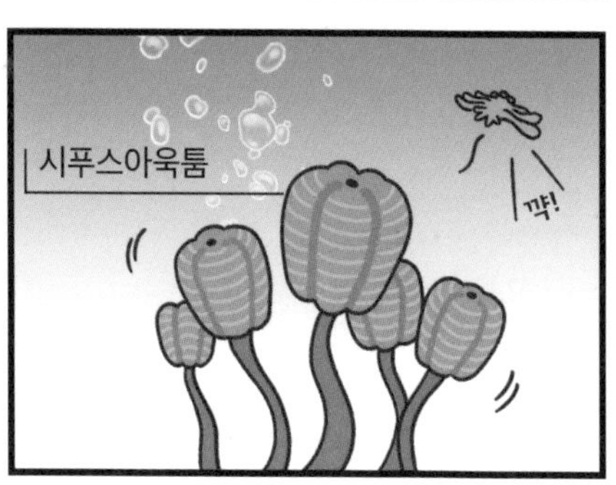
시푸스아욱툼
깍!

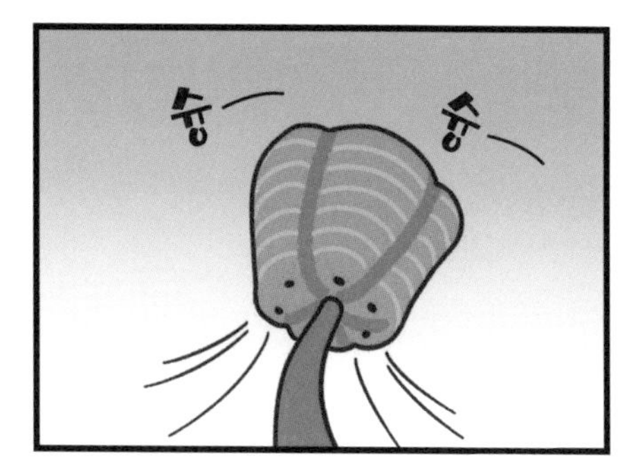
슝
슝

헉, 저게
항문이구나.
뿡

헤르페토가스테르

캄브리아기는
다양한 생물이
탄생한 시기였다.
친한 척하며
말 걸지 말라고.
미안…

척삭동물 등장

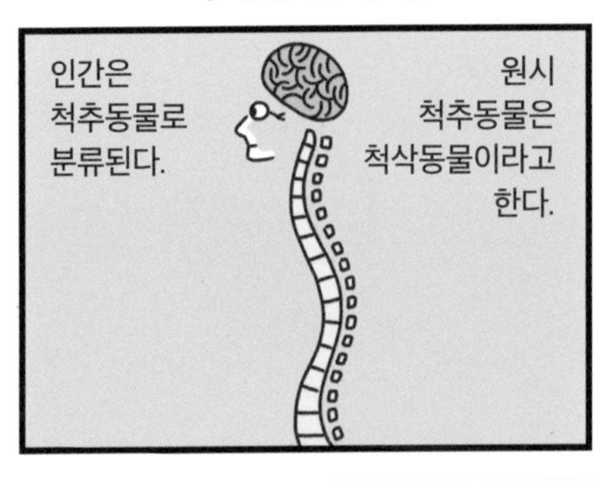
인간은 척추동물로 분류된다.
원시 척추동물은 척삭동물이라고 한다.

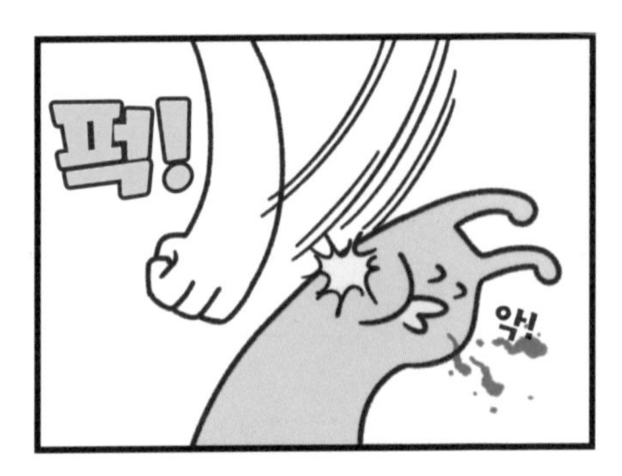
퍽!
악!

최초의 척추동물이자 우리 조상은…

최초의 척추 동물은 나라고!

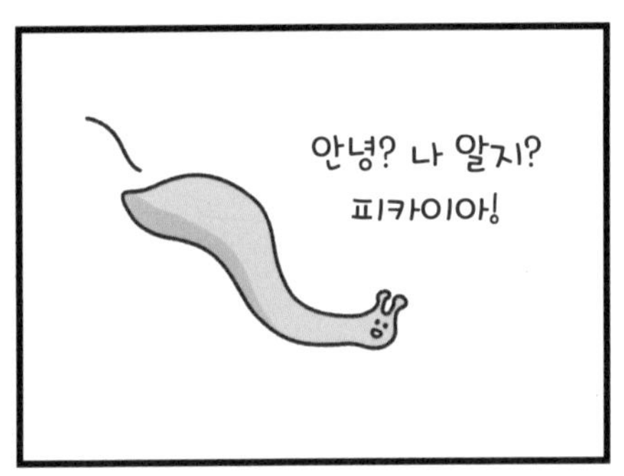
안녕? 나 알지? 피카이아!

애니메이션에도 여러 번 나왔는데
내가 너희 조상이란다.

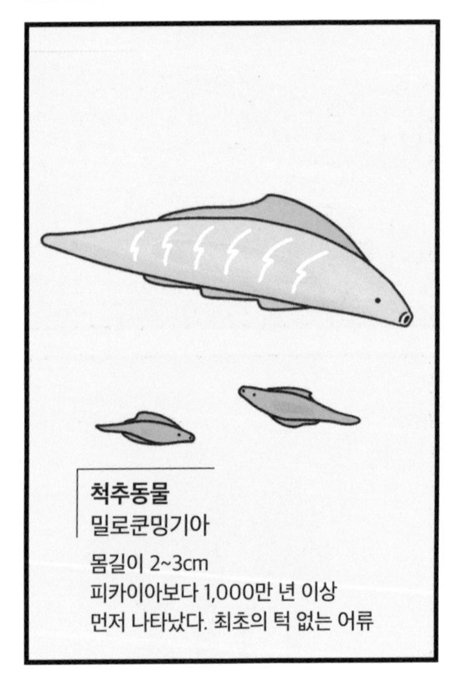
척추동물
밀로쿤밍기아
몸길이 2~3cm
피카이아보다 1,000만 년 이상 먼저 나타났다. 최초의 턱 없는 어류

너보다
1,000만
년이나
일찍
찰싹
찰싹
물고기 모양
이었다고.

너, 아무리
봐도
얼얼
창고기처럼
생겼는걸.

그렇구나.
난 내가
인간의
조상인 줄
알았지.
이처럼 역사는
늘 새로 쓰이는 법이다!

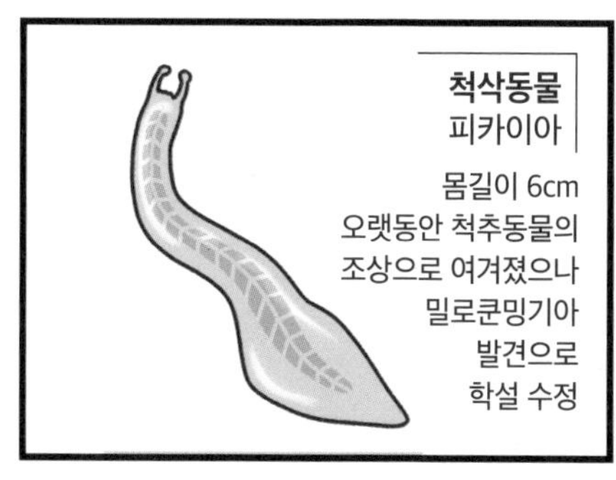
척삭동물
피카이아
몸길이 6cm
오랫동안 척추동물의
조상으로 여겨졌으나
밀로쿤밍기아
발견으로
학설 수정

힘내,
친구야.

Ordovician Period

4억 8,500만 년 전~4억 4,400만 년 전

선캄브리아 시대

46억 년 전~
5억 4,100년 전

에디아카라기

6억 3,500만 년 전~
5억 4,100만 년 전

캄브리아기

5억 4,100만 년 전~
4억 8,500만 년 전

실루리아기

4억 4,400만 년 전~
4억 1,900만 년 전

데본기

4억 1,900만 년 전~
3억 5,900만 년 전

석탄기

3억 5,900만 년 전~
2억 9,900만 년 전

페름기

2억 9,900만 년 전~
2억 5,200만 년 전

트라이아스기

2억 5,200만 년 전~
2억 100만 년 전

쥐라기

2억 100만 년 전~
1억 4,500만 년 전

백악기

1억 4,500만 년 전~
6,600만 년 전

오르도비스기

바다에서
육지로 이주하는
식물이 등장.
첫 번째
대멸종이
일어나다

두족류

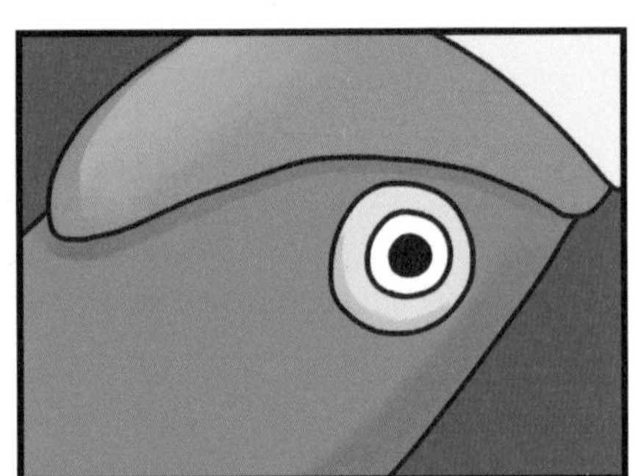

우와, 크다~
두족류는
대부분 크기가
몇 cm지만
카메로케라스는
아주 컸다.

나는
요만해도
만족해.
두족류
트렙토케라스

삼엽충
잡았다!
살려 줘~

우하하

삼엽충

그들도
눈부신
번성기를
누렸다.

오랜만이야.
어서 와.

캄브리아기에
탄생한 삼엽충은
종류만 해도
1만 종이 넘었다.
나는
삼엽충이야.
안녕!
반가워.

3억 년이나 되는
세월을
살아남은
대표
고생물이다.
팔락
팔락
봐라.

비늘 있는 물고기

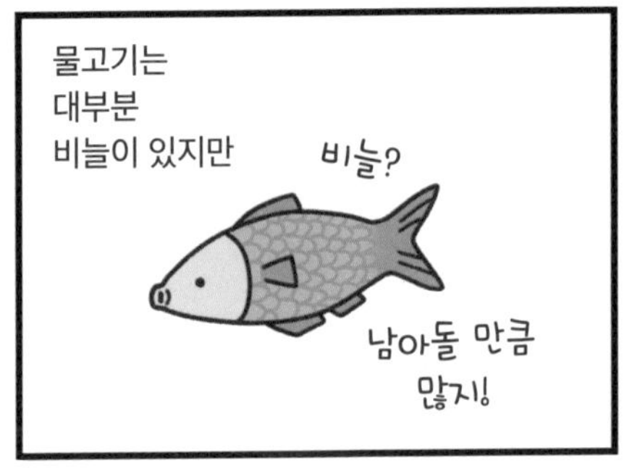
물고기는
대부분
비늘이 있지만
비늘?
남아돌 만큼
많지!

우아—
멋져~

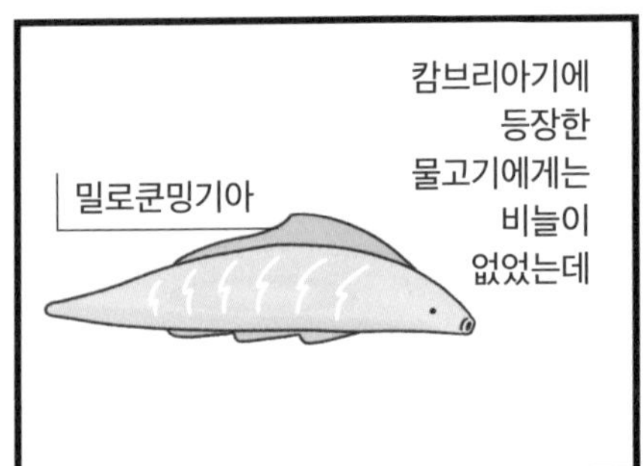
캄브리아기에
등장한
물고기에게는
비늘이
없었는데
밀로쿤밍기아

최초의 비늘 있는 물고기

나 쳐다봤어!
비늘로 몸을 보호하고
물의 저항을
줄이게 되었다.

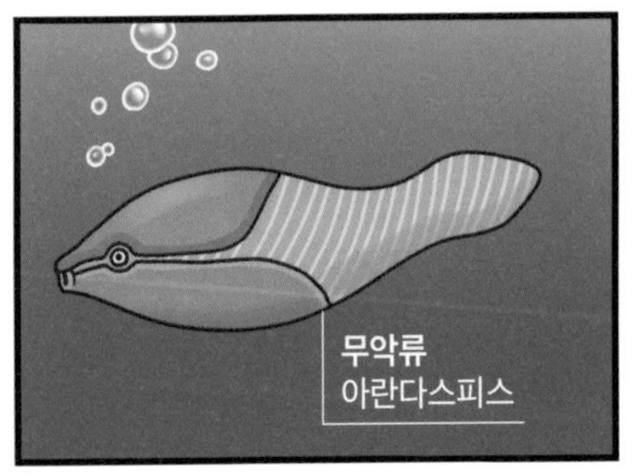
무악류
아란다스피스

다만 턱이 없어
포식자에게
잡아먹히는
신세였다.
실망…

이끼류의 육지 진출

그러다 중대한 변화가 일어났으니

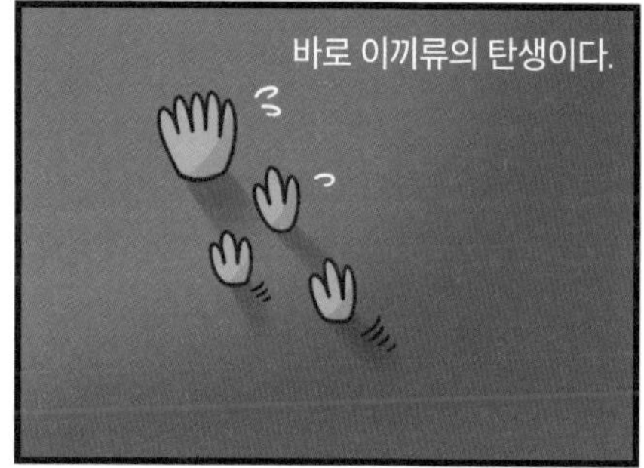
바로 이끼류의 탄생이다.

아빠,
우린 너무
지쳤어요.

약해 빠진
소리!
활동 무대를
넓혀야 해!

축축한 곳을
찾으면
살 수 있어.

푸하!

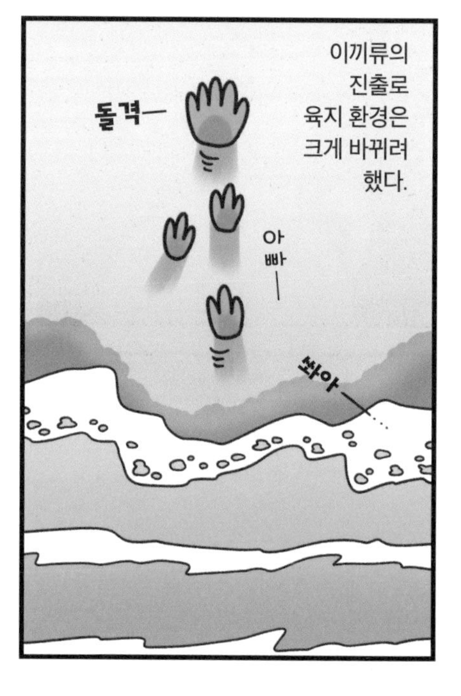
이끼류의
진출로
육지 환경은
크게 바뀌려
했다.
돌격—
아
빠
—
쏴아—

첫 번째 대멸종

4,000만 년이
흘렀을 즈음
최초로
대멸종이
일어났다.

아하,
이것 참 큰일 났네!

여기 빙하가
약간 생겼나 봐!

두 ——— 둥

물을 이용해 몸집을 불리는 중
불룩
불룩

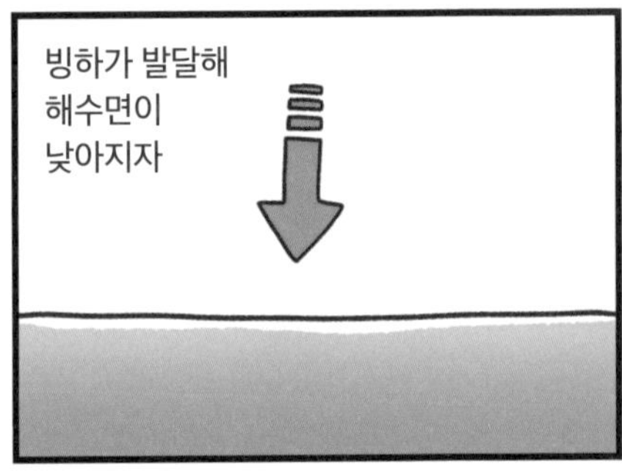
빙하가 발달해
해수면이
낮아지자

얕은 바다에 서식하던 생물 대부분이
큰 타격을 입었다.
어?
잠깐
잠깐만
안 돼!

비명이
들린다…
꺅!
으악!

생존

하아
하아
하아

좋은 시절은
다 지났다.

포기하면 안 돼.
힘을 내.
난 이제 틀렸어.
먼저 가.

나도 이제 끝이야.
너라도 살아남거라.
흑흑!
이 무슨…

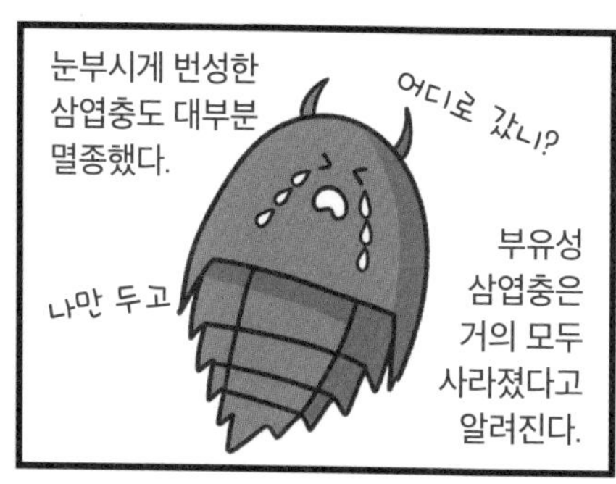
눈부시게 번성한 삼엽충도 대부분 멸종했다.
어디로 갔니?
나만 두고
부유성 삼엽충은 거의 모두 사라졌다고 알려진다.

프로미숨 선생님!
안녕, 안녕히…

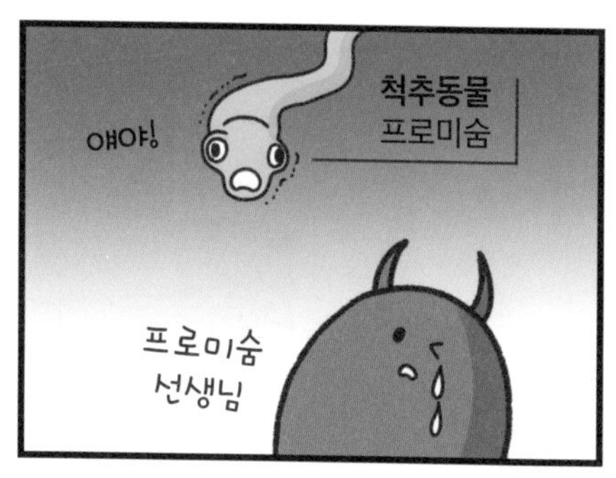
얘야!
척추동물 프로미숨
프로미숨 선생님

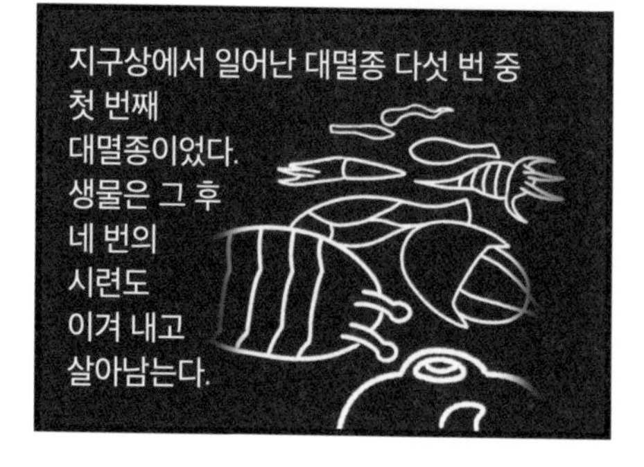
지구상에서 일어난 대멸종 다섯 번 중 첫 번째 대멸종이었다. 생물은 그 후 네 번의 시련도 이겨 내고 살아남는다.

Silurian Period

4억 4,400만 년 전~4억 1,900만 년 전

선캄브리아 시대
46억 년 전~
5억 4,100년 전

에디아카라기
6억 3,500만 년 전~
5억 4,100만 년 전

캄브리아기
5억 4,100만 년 전~
4억 8,500만 년 전

오르도비스기
4억 8,500만 년 전~
4억 4,400만 년 전

데본기
4억 1,900만 년 전~
3억 5,900만 년 전

석탄기
3억 5,900만 년 전~
2억 9,900만 년 전

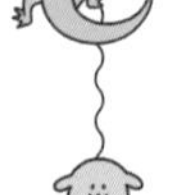
페름기
2억 9,900만 년 전~
2억 5,200만 년 전

트라이아스기
2억 5,200만 년 전~
2억 100만 년 전

쥐라기
2억 100만 년 전~
1억 4,500만 년 전

백악기
1억 4,500만 년 전~
6,600만 년 전

실루리아기

턱이 생기자
어류는
포식자로서
힘을 가지게
된다

턱이 생기다

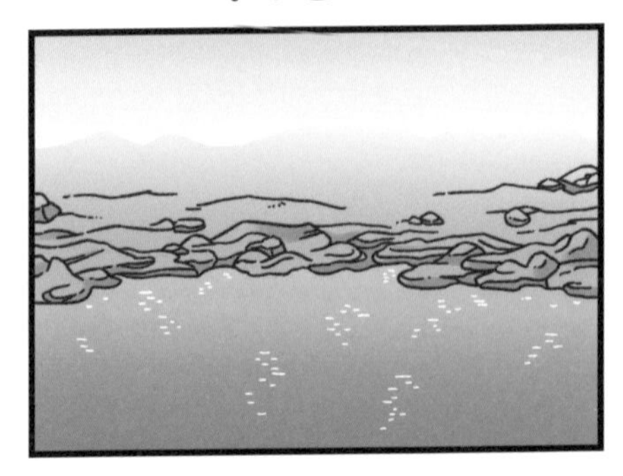

오~
눈물 난다.

먹이 발견!
실루리아기 최강 생물은
바다 전갈이었다.

으악!

맛나네

잘 먹었다!

강인류
플레볼레피스

아, 내게도
턱이 있으면…
비늘은
상어 가죽 같았고
큰 입으로 플랑크톤을
잡아먹었다고 한다.

비늘은 생겼지만
턱과 이빨이 없어
단단한 먹이는
먹을 수 없었다.
배고프다.

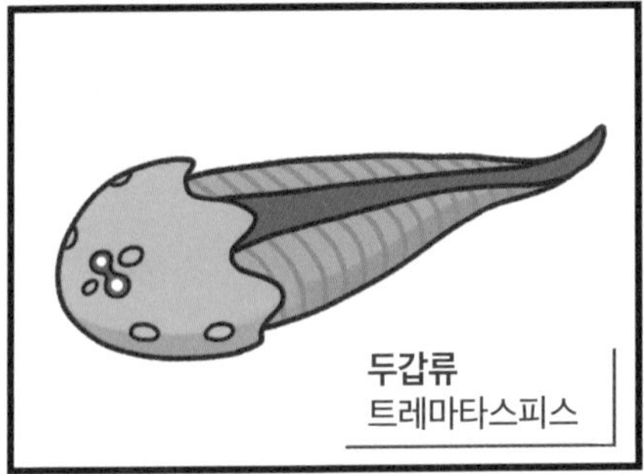
두갑류
트레마타스피스

친구야,
뭐해?
밥 먹어.

머리에
이런 건 왜 썼어?
이 투구?
보호용이야.

흐-음
넌 힘이
세겠다.
아니야.
턱도 없는걸.

턱이 없다고?
그럼
쟤는?

흠!
안드레올레피스?
쟤는 달라.

조기어류
안드레올레피스
훗날 어류의 주역이 되는 조기어류

단단한 뼈와
턱과 이빨을
가진 어류가
나타났다.

딱딱한 건
먹지도 못하고…
난 퇴장해야 할까 봐.

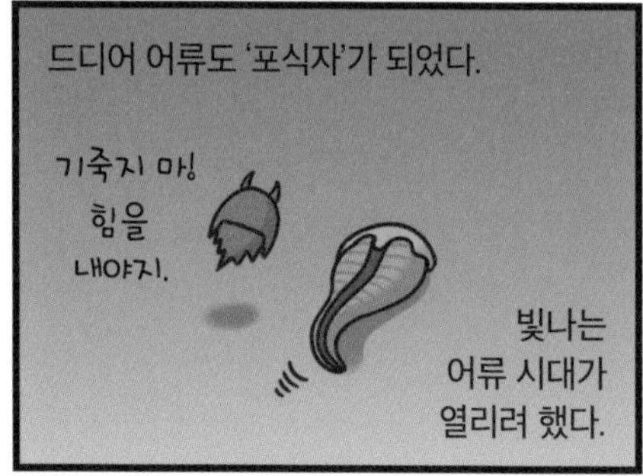
드디어 어류도 '포식자'가 되었다.
기죽지 마!
힘을
내야지.
빛나는
어류 시대가
열리려 했다.

쿡소니아

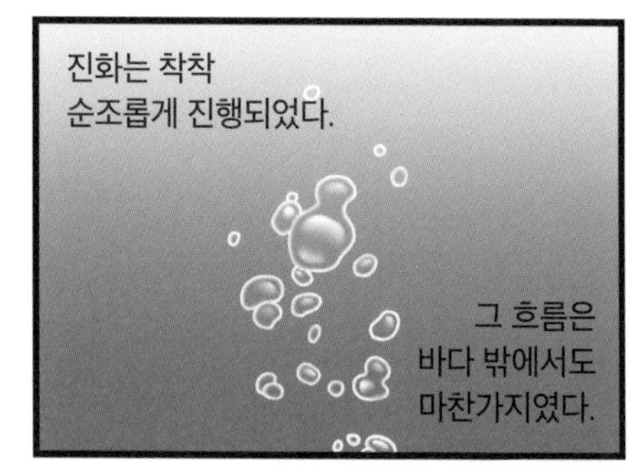
진화는 착착
순조롭게 진행되었다.
그 흐름은
바다 밖에서도
마찬가지였다.

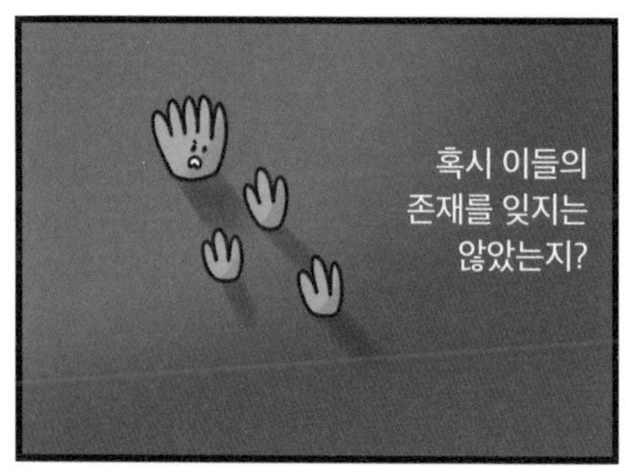
혹시 이들의
존재를 잊지는
않았는지?

과감하게 육지로 진출한
이 식물들 말이다.

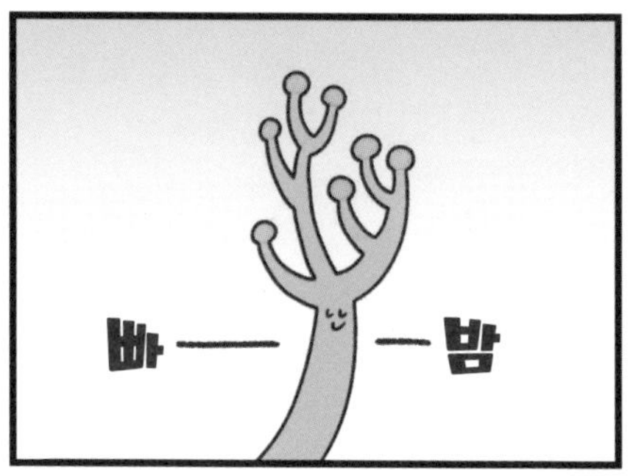
빠——
——밤

안녕?
난
쿡소니아야.
육상 식물
이냐고?
그래, 맞아.

광합성을
해서
점점
산소를
늘리지.

앗, 잠깐!
뭐지?
누가
왔나?

헤헤··· 산소도 많고 에너지로
쓸 만한 식물도 있고···
그래서 왔지♡

앗?!

와, 육지다!
멋져~
여기야,
여기!

절지동물은 우리 조상인
원시 척추동물보다
5,000만 년
앞서
육지에
진출했다.
천적도 없고
정말 좋다!

얘들아,
이리 와~
그들은
지구상에서
가장 많은
생물인
'곤충'으로
변해 갔다.

절지동물의 육지 진출

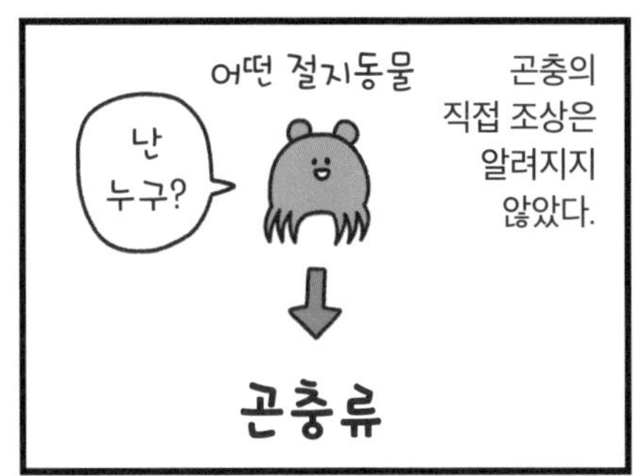

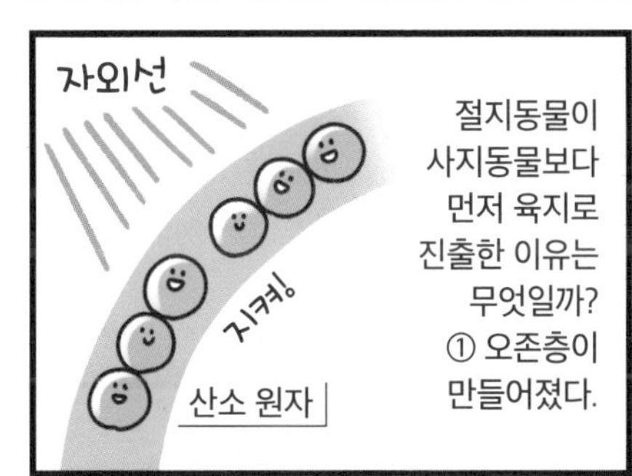

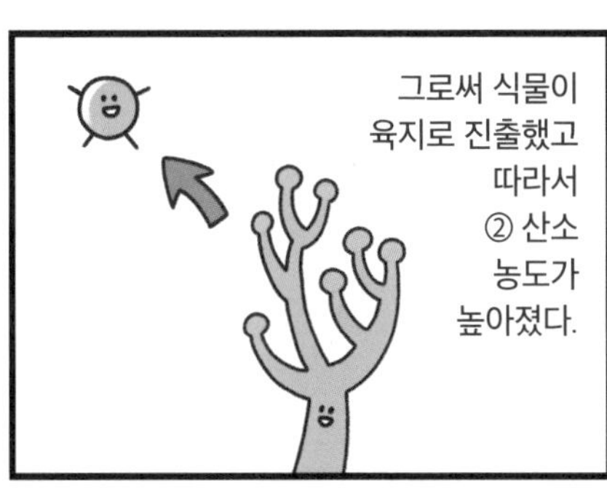

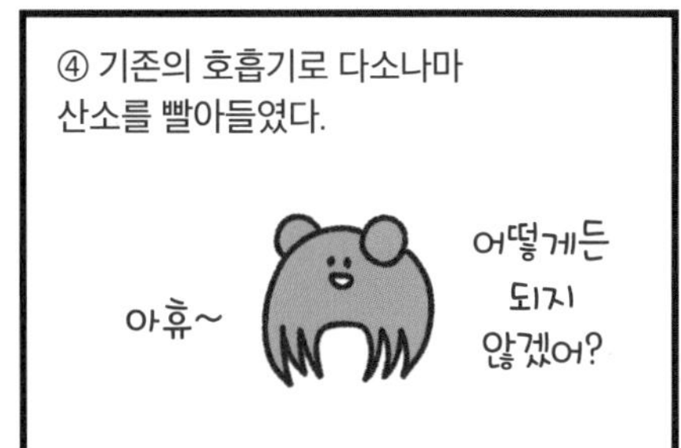

이런 이유로 처음부터
골격이나 호흡기가 진화할
필요가 없었으므로 그들이 사지동물보다
5,000만 년 이상 앞서 육지로
진출할 수 있었다고 여겨진다.

Devonian Period

4억 1,900만 년 전~3억 5,900만 년 전

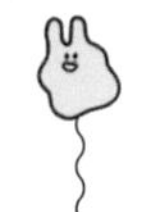

선캄브리아 시대

46억 년 전~
5억 4,100년 전

에디아카라기

6억 3,500만 년 전~
5억 4,100만 년 전

캄브리아기

5억 4,100만 년 전~
4억 8,500만 년 전

오르도비스기

4억 8,500만 년 전~
4억 4,400만 년 전

실루리아기

4억 4,400만 년 전~
4억 1,900만 년 전

석탄기

3억 5,900만 년 전~
2억 9,900만 년 전

페름기

2억 9,900만 년 전~
2억 5,200만 년 전

트라이아스기

2억 5,200만 년 전~
2억 100만 년 전

쥐라기

2억 100만 년 전~
1억 4,500만 년 전

백악기

1억 4,500만 년 전~
6,600만 년 전

데본기

두 번째
대멸종이
일어나다.
드디어
사지동물이
나타나
육지로 진출

턱이 없는 어류

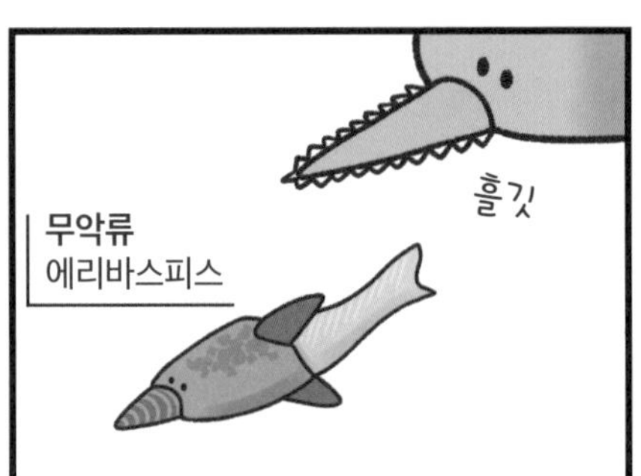

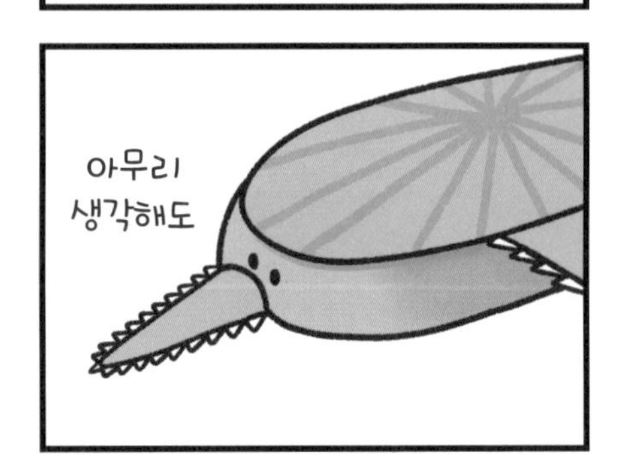

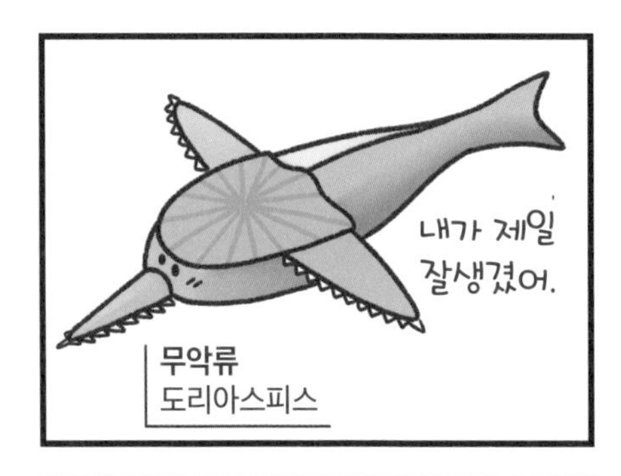
내가 제일 잘생겼어.
무악류
도리아스피스

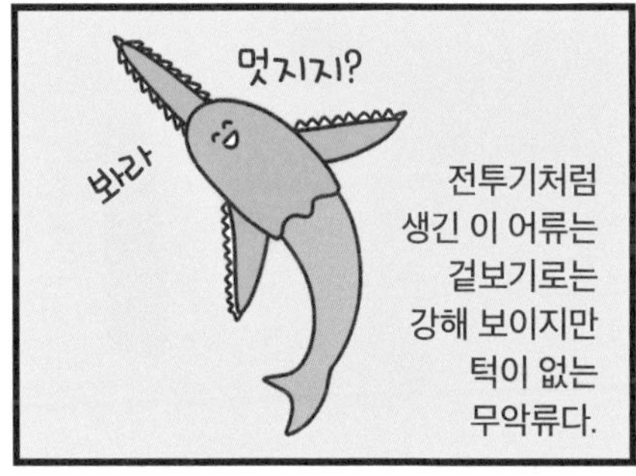
멋지지?
봐라
전투기처럼 생긴 이 어류는 겉보기로는 강해 보이지만 턱이 없는 무악류다.

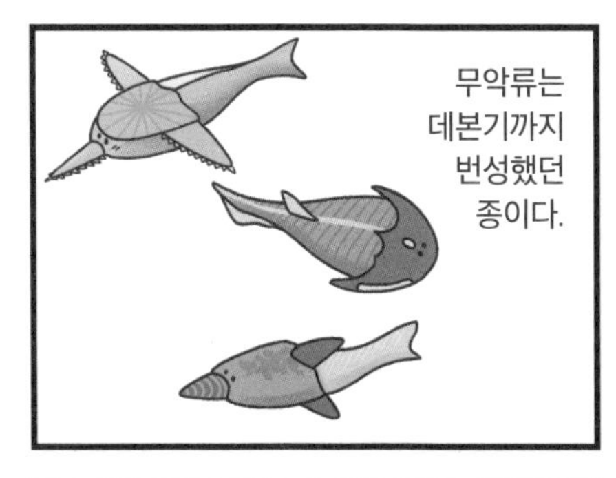
무악류는 데본기까지 번성했던 종이다.

그러나 현재 남아 있는 무악류는 칠성장어류와 먹장어류뿐이다.

그 이유는 물론
기다려—
헉!

잡았다!

어라?

콰앙!

판피류

두리번
판피류
둔클레오스테우스

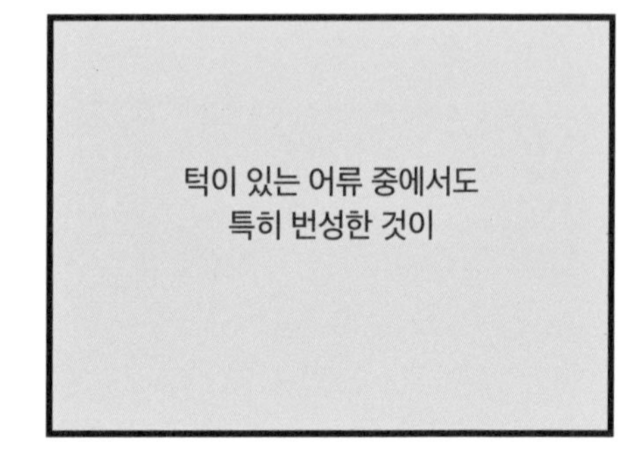
턱이 있는 어류 중에서도
특히 번성한 것이

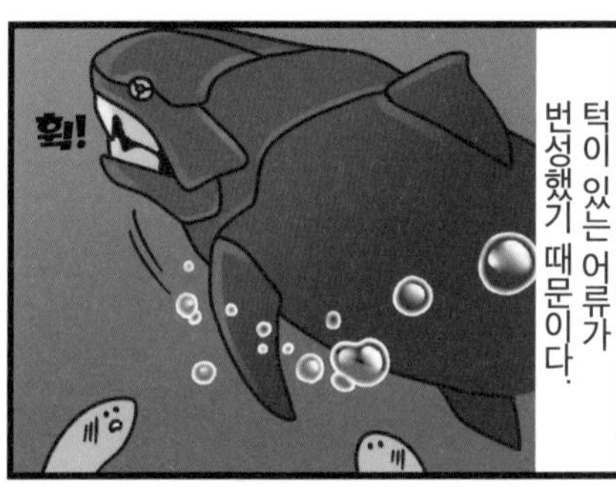
휙!
턱이 있는 어류가
번성했기 때문이다.

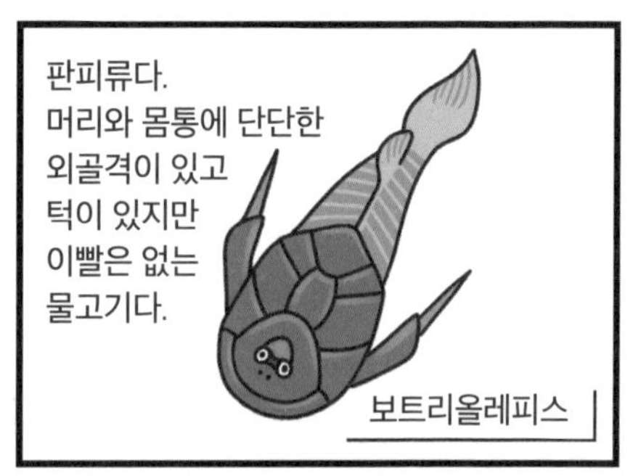
판피류다.
머리와 몸통에 단단한
외골격이 있고
턱이 있지만
이빨은 없는
물고기다.
보트리올레피스

턱 없는 어류는
당해 낼 수 없었다.
쟤 정말
무섭다!
벌벌…

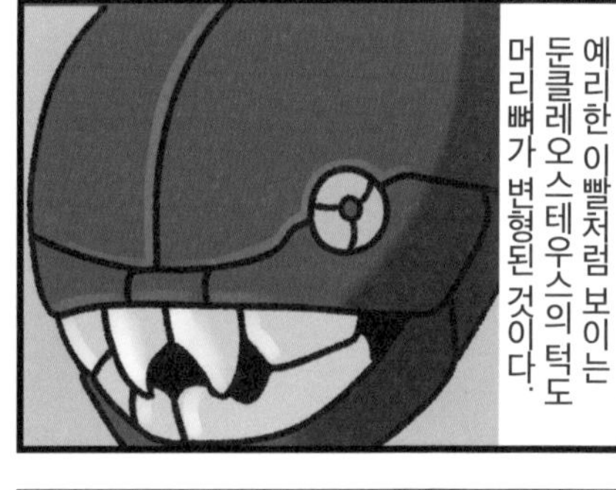
예리한 이빨처럼 보이는
둔클레오스테우스의 턱도
머리뼈가 변형된 것이다.

판피류 생물을
몇 가지 소개해 보면
그 소개 내가
해도 될까?

자, 마테르피스키스
부터 할까?
판피류
마테르피스키스

안녕?
엄마야!

아야!
나온다.

끄응~
쑤욱

넌
누구니?
데본기에
벌써
태생동물이
있었다니
정말
놀랍다.

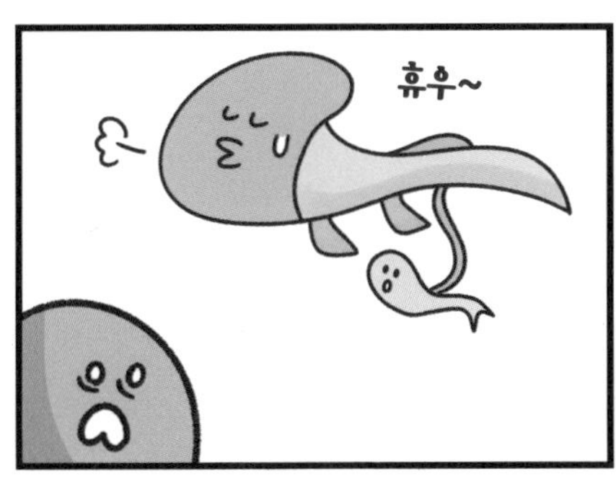
휴우~

태생이란 알이 아니라
배 속에서 자란 새끼를 낳는다는 뜻인데
일부 상어가 여기에 속한다.
그렇대. 놀랍지?
멋져! 멋져!

비밀이 많은 생물이 또 하나 있다.
누구?
누구?

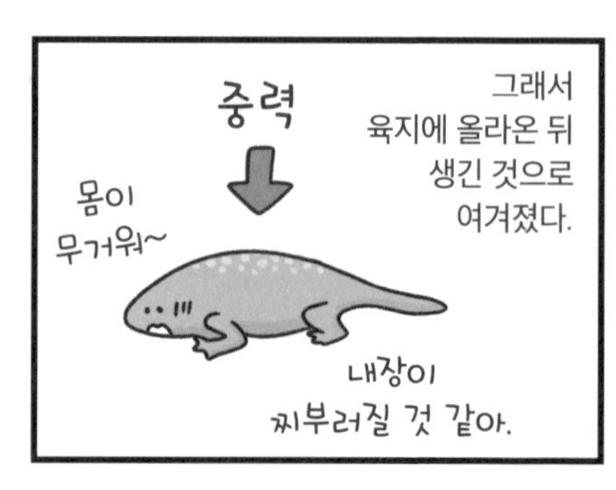
중력
그래서
육지에 올라온 뒤
생긴 것으로
여겨졌다.
몸이
무거워~
내장이
찌부러질 것 같아.

얼굴과
복근이 있는
최초의 어류
엔텔로그나투스
엔텔로…
그나투스

판피류
엔텔로그나투스
얼굴이 있는
최초의 어류
이거
나야~

나
말이야?

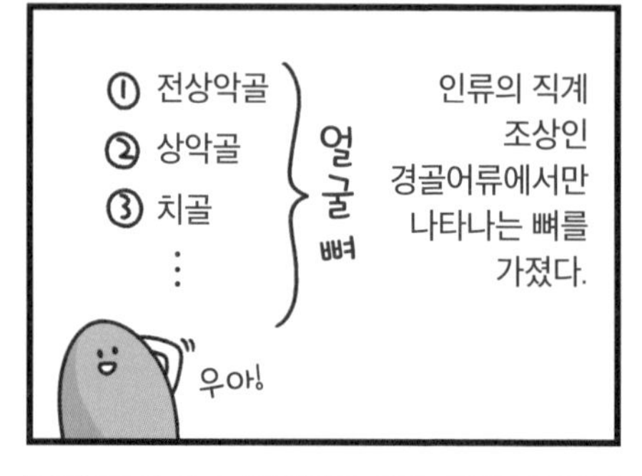
① 전상악골
② 상악골
③ 치골
⋮
얼굴뼈
인류의 직계
조상인
경골어류에서만
나타나는 뼈를
가졌다.
우아!

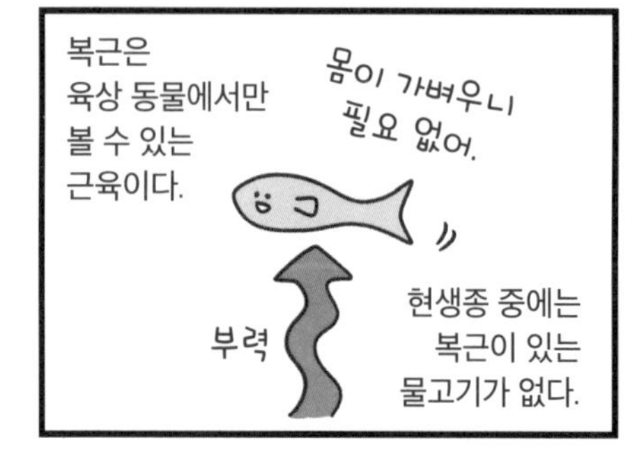
복근은
육상 동물에서만
볼 수 있는
근육이다.
몸이 가벼우니
필요 없어.
부력
현생종 중에는
복근이 있는
물고기가 없다.

어때,
대단하지?
부럽지?

어류의 종류

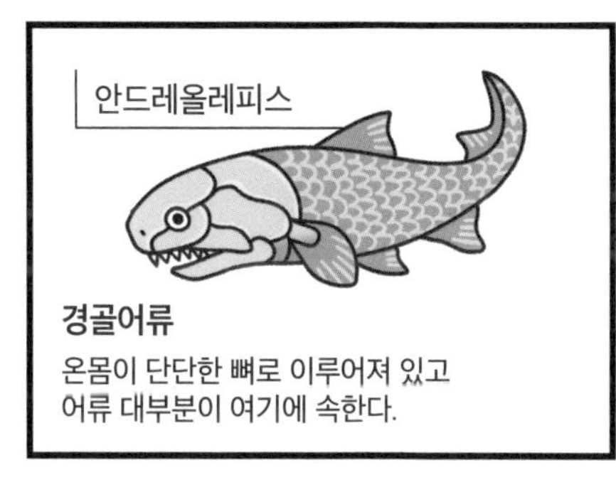

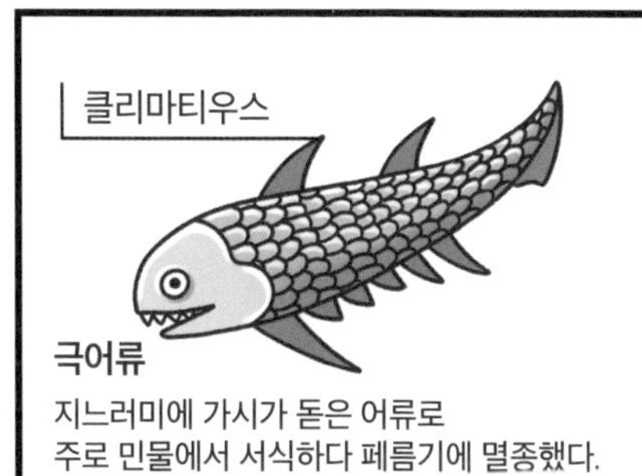

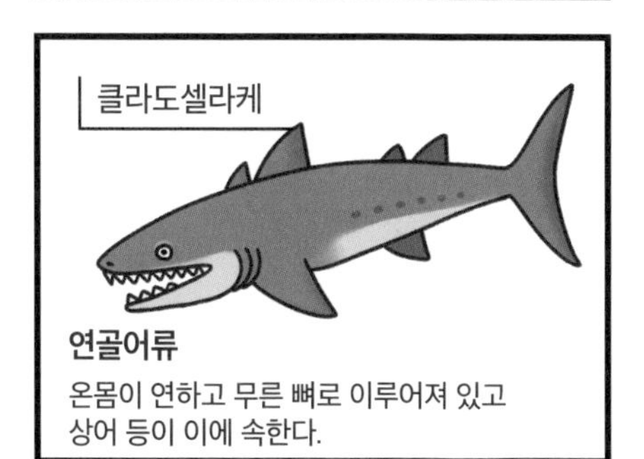

최초의 나무 아르카이옵테리스

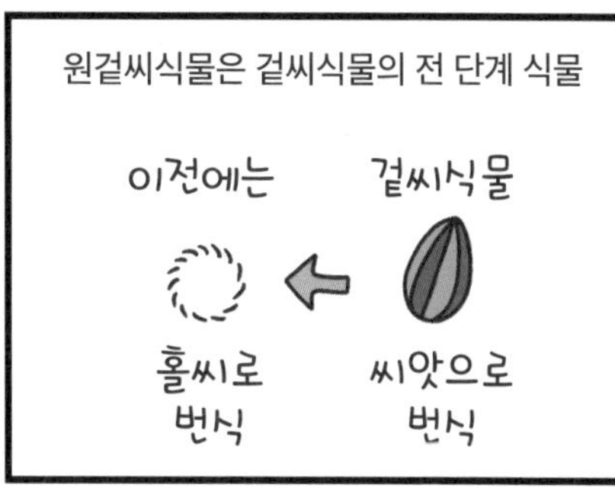

씨앗을
만들고 싶어.
홀씨로 번식하는
이 식물이 씨앗으로
번식하는 겉씨식물의
조상이라고 여겨진다.

나 좀 봐.
키도
무진장 크지.

우리
사이좋게
뿌리내리자.

숲이 탄생했다.
왁자
지껄

조기어류와 육기어류

씩씩
저리 가!

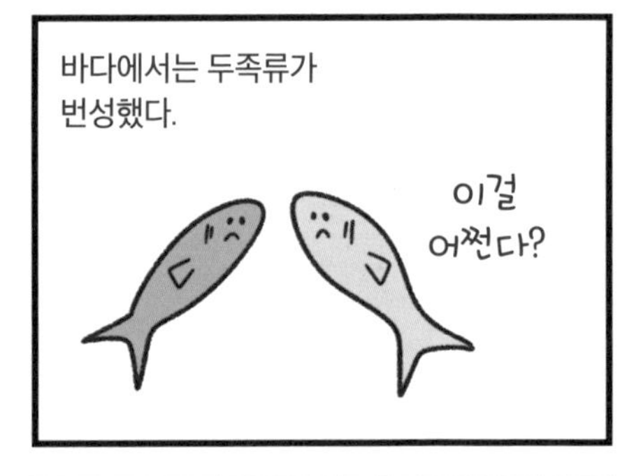
바다에서는 두족류가
번성했다.
이걸
어쩐다?

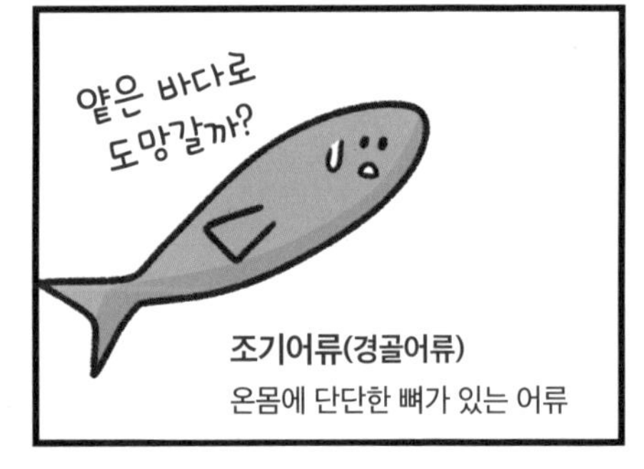
얕은 바다로
도망갈까?
조기어류(경골어류)
온몸에 단단한 뼈가 있는 어류

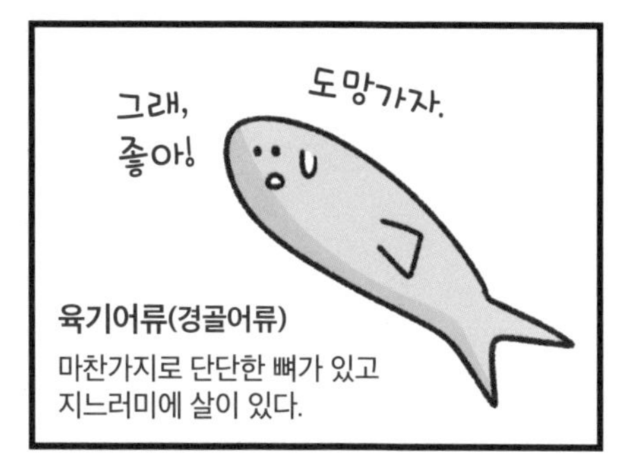
그래,
좋아!
도망가자.
육기어류(경골어류)
마찬가지로 단단한 뼈가 있고
지느러미에 살이 있다.

이리저리
도망 다니던
그들은
살려 줘—
꺄악—

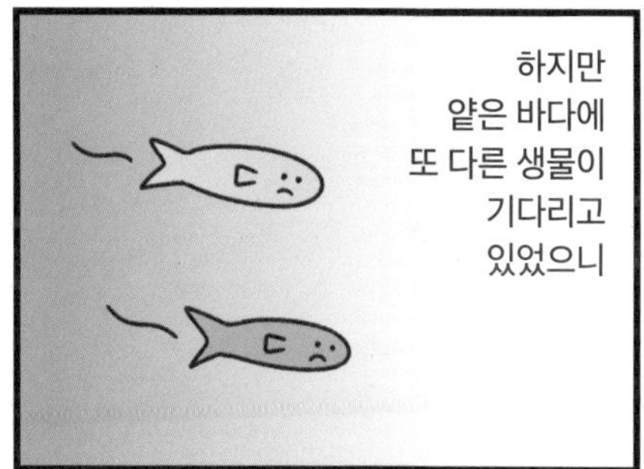
하지만
얕은 바다에
또 다른 생물이
기다리고
있었으니

얼마나
도망을 다녔는지
그새
헉헉…
켁켁…

이놈들~
엄마야!
판피류
온몸이 단단한 외골격으로
덮인 물고기

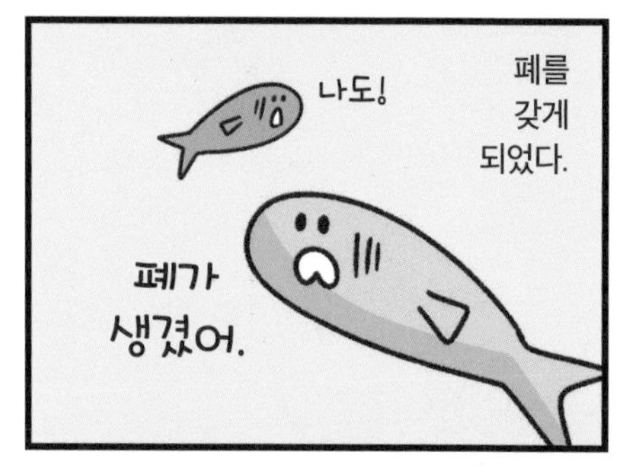
폐를
갖게
되었다.
나도!
폐가
생겼어.

이얍!

좋았어!!
이제 강까지
도망가자.

지느러미 발달

환경은 최악이었다.
쓰레기가 많네.
진짜…

피하고, 또 피하고…

앗! 물이 다시 줄었어.
으앙~

물의 부력이 없으면
몸이 무거워.

바다와 달리 수량 변동이 큰 강은 말라붙기도 한다.

그래서 공기에서 직접 산소를 빨아들이는 폐가 있으면 유리하다.
푸하~

그렇게 그들은 강에서 살기 시작했다.
에잇!
에잇!

어찌어찌
지내던 중
끼잉~
낑~
이리 와 봐.

이때부터
육지 진출을 위한
준비가 빠르게
시작되었다.

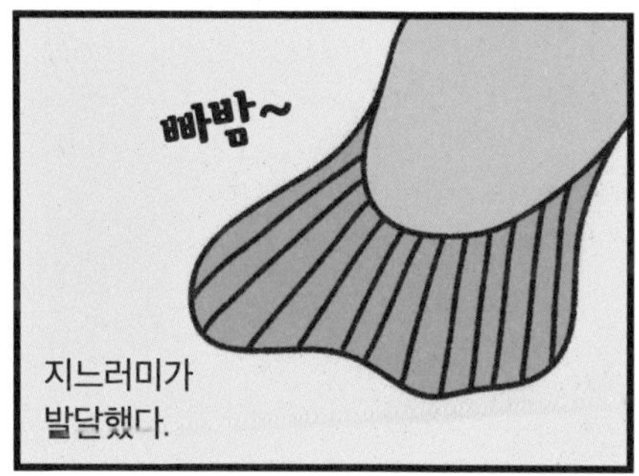
빠밤~
지느러미가
발달했다.

육기어류
판데리크티스

육기어류
에우스테놉테론

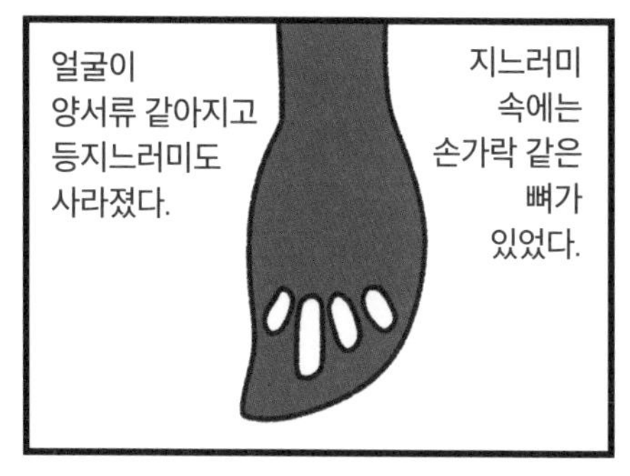
얼굴이
양서류 같아지고
등지느러미도
사라졌다.
지느러미
속에는
손가락 같은
뼈가
있었다.

아, 진화하니
좋구나!

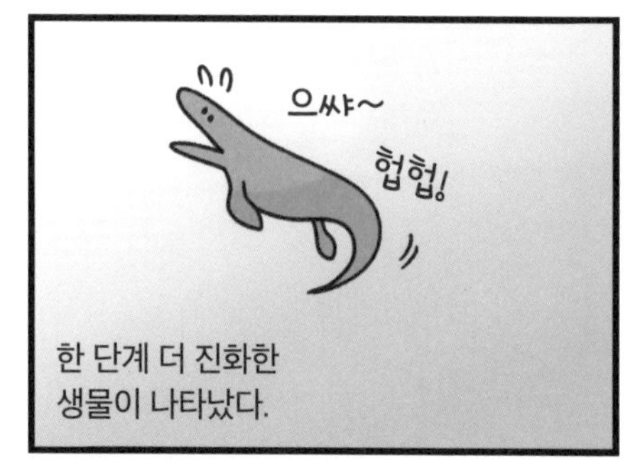
으쌰~
헙헙!
한 단계 더 진화한
생물이 나타났다.

어류·양서류의 중간 생물

뒷지느러미 속에도
뼈가 있고
목과 골반을 가진
어류와 양서류의
중간 생물이었다.

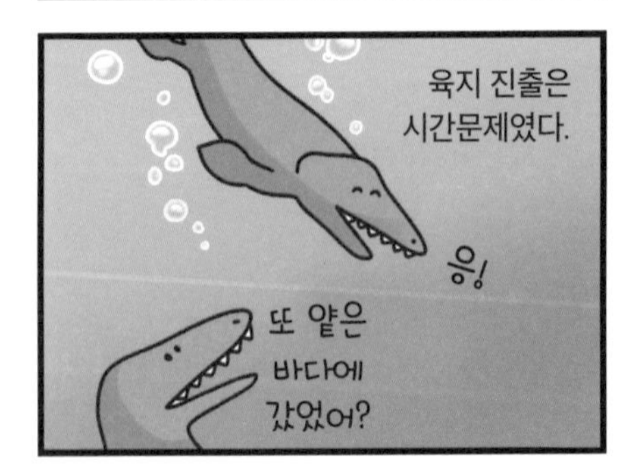

두 번째 대멸종

정확한 원인은 알 수 없지만
날씨가 추워졌거나
산소 농도가 떨어져서 그런 것 같다.

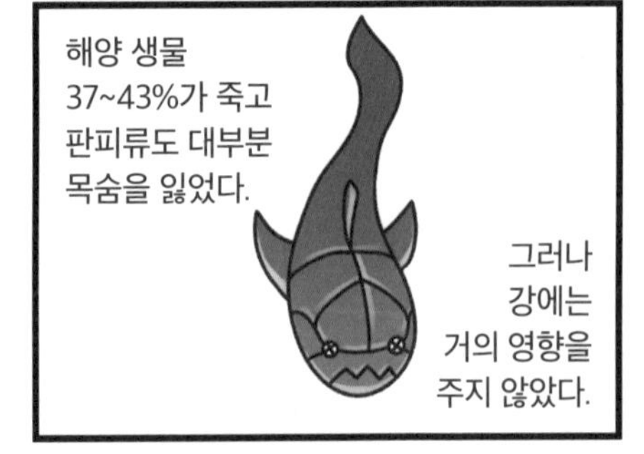

강에 살고 있는 생물은

조기어류와 육기어류였다.
진짜?
요즘 바다는 위험하대.
무서워!

큰일 날 뻔했어.
다행이다, 정말.

폐를 갖게 된 것도 강에 온 것도
운명을 가르는 결과가 되었다.
강에 살아서 다행이야.
?

바다로 돌아가다

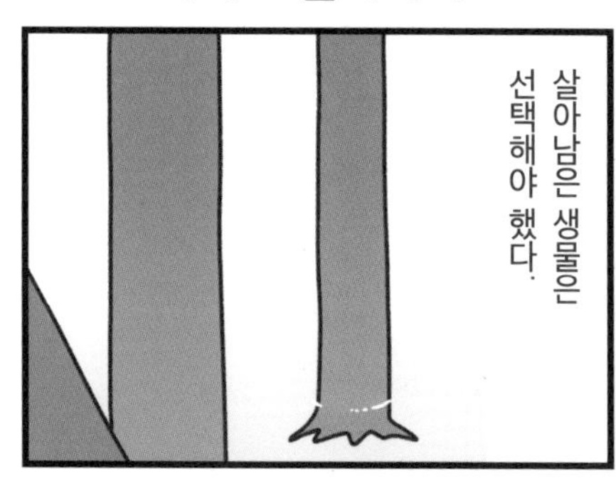
살아남은 생물은
선택해야 했다.

강물이 말랐기 때문이다.

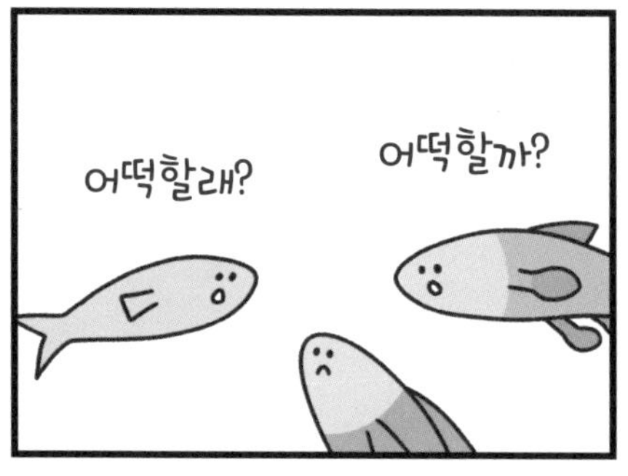
어떡할까?
어떡할래?

얘들아!

판피류
녀석들이
사라졌어!

정말!
뭐! 정말이야?
살았다.

그럼
바다로
돌아갈래.
가자!

조기어류

바다야,
오랜만이다.

판피류가 사라진
바다에서
조기어류는
개체 수를
늘렸다.

그리고
바다에서
눈부시게
번성했다.

현생 어류
대부분이
조기어류다.

꼭 한번
조기어류를
살펴보자.

어쩌면
녀석들은
험난한
환경을
함께 이겨낸
동지인지도
모른다.

조기어류에는
부레라는
기관이
있다.
부레

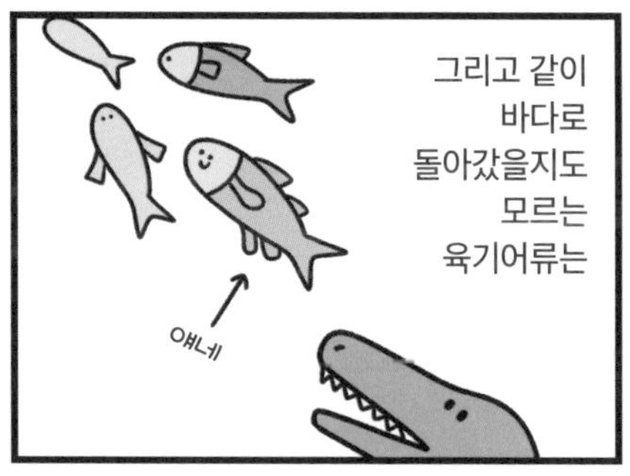
그리고 같이
바다로
돌아갔을지도
모르는
육기어류는
얘네

공기를 넣었다 뺐다 하면서 부력을
조절하는데
뻐끔 뻐끔

바다다!
조용히 살 거야.

이게 바로 녀석들에게 폐가
있었다는 증거라고 한다.
이제 폐는
안 쓰니까
부레로
바꿔야지.

살아 있는 화석
'실러캔스'로
지금도
깊은 바다에
산다.

육지로 나아가다

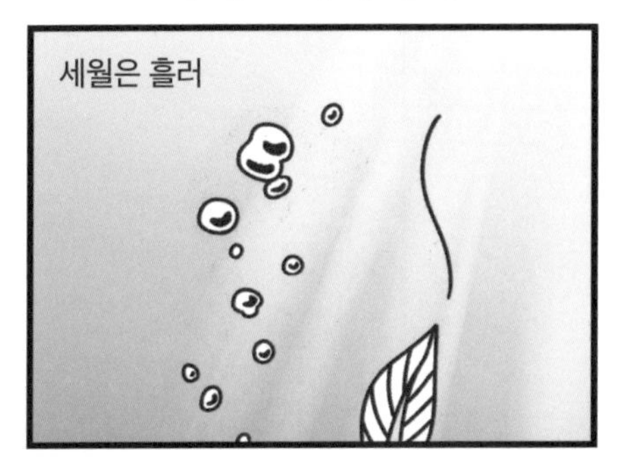
세월은 흘러

같은 시기에
사지동물이
또 하나
살았으니

양서류
아칸토스테가

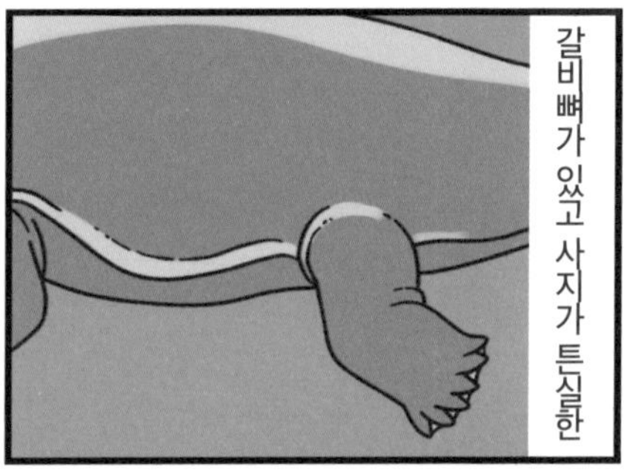
갈비뼈가 있고 사지가 튼실한

드디어
사지동물이
나타났다.
어서 와.
나 왔어.
녀석들은
발가락이 여덟 개
달린 양서류다.

최초의
육상 동물

있잖아,
육지로 갈 수
있을 것 같은
녀석들을 봤어.
그래?

쿵!
양서류
이크티오스테가

지금으로부터
약 3억 6,000만 년 전
아득한 옛날에 우리 조상은
육지 진출을 이루어 냈다.

진화 과정

사지동물이
나타나기까지
수많은 생물이
탄생했다.

에우스테놉테론
판데리크티스
틱타알릭
엘기네르페톤
벤타스테가
아칸토스테가

그리고
이크티오스테가는
최초의 육상
사지동물로
알려져 있으나

실제로는 육지 생활에
적합하지 않아 대부분
물속에서 살았다고 한다.

다른 사지동물과
신체 구조가
다른 만큼
계통도
다르다고
한다.

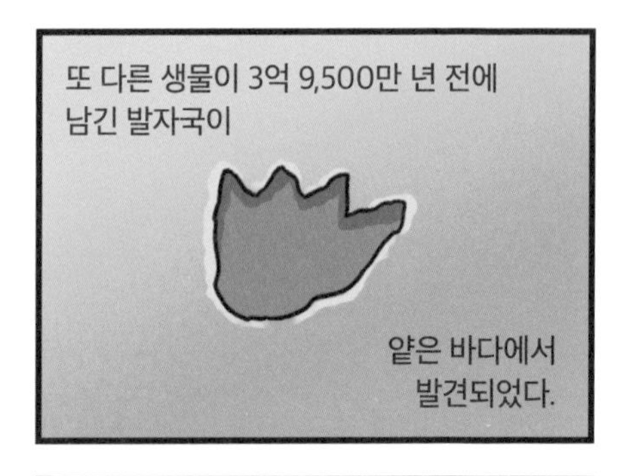
또 다른 생물이 3억 9,500만 년 전에
남긴 발자국이
얕은 바다에서
발견되었다.

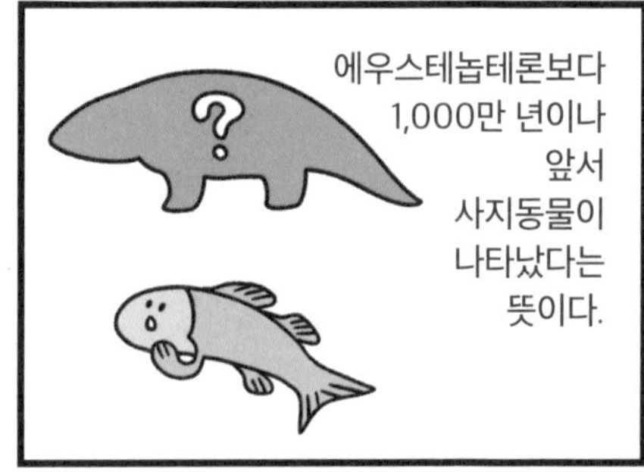
에우스테놉테론보다
1,000만 년이나
앞서
사지동물이
나타났다는
뜻이다.

누가 우리
조상일까?

어느 쪽이든
데본기에 나타난 생물이
다음 시기인 석탄기에
번성하는 육상 동물로
이어지는 것은
확실하다.

Carboniferous Period

3억 5,900만 년 전~2억 9,900만 년 전

석탄기

선캄브리아 시대

46억 년 전~
5억 4,100년 전

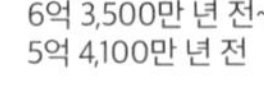

에디아카라기

6억 3,500만 년 전~
5억 4,100만 년 전

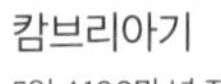

캄브리아기

5억 4,100만 년 전~
4억 8,500만 년 전

오르도비스기

4억 8,500만 년 전~
4억 4,400만 년 전

실루리아기

4억 4,400만 년 전~
4억 1,900만 년 전

데본기

4억 1,900만 년 전~
3억 5,900만 년 전

페름기

2억 9,900만 년 전~
2억 5,200만 년 전

트라이아스기

2억 5,200만 년 전~
2억 100만 년 전

쥐라기

2억 100만 년 전~
1억 4,500만 년 전

백악기

1억 4,500만 년 전~
6,600만 년 전

육지에 적응한
양서류에서
파충류가 생기고
대빙하 시대가
찾아오다

양서류

엄마—

드디어
올라왔구나.
네!
이제 아기가
아닌걸요.

꼬물
꼬물
꼬물
엄마~

그래그래.
다 모였네.
이 무렵
육지에는
양서류만
살았다.

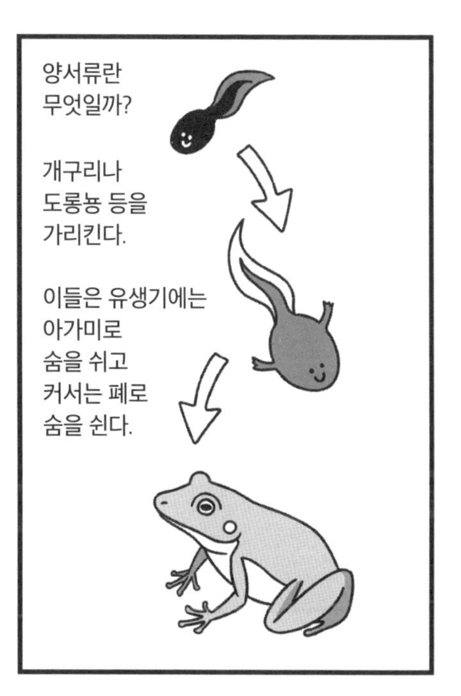
양서류란
무엇일까?
개구리나
도롱뇽 등을
가리킨다.
이들은 유생기에는
아가미로
숨을 쉬고
커서는 폐로
숨을 쉰다.

건조한 환경에
약해서 피부를
점막으로 감싸고
알은 물속에
낳는다.

잠깐
이대로는
아쉽지 않니?
(않니? 않니?)

좀 더 위(육지)로
올라가고
싶지
않아?
(올라가자
올라가자)

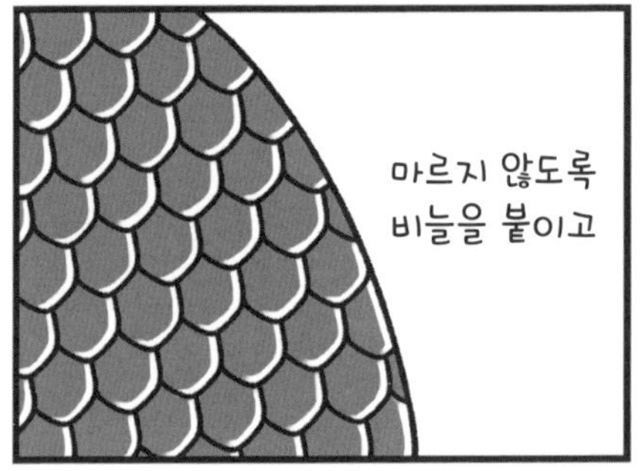
마르지 않도록
비늘을 붙이고

폐 호흡으로만
살아갈 거야.

알? 육지에서
낳으니까
껍데기를
붙였지.
육지 생활에
잘 적응한 결과
파충류가
탄생했다.

파충류

이 녀석은
최초의 파충류
힐로노무스 리엘리

최초의 초식 동물

어류에서
사지동물이 태어나고
양서류에서
파충류가 태어나
진화해 가는 생물들

물가를
떠날 수 없는
양서류와 달리
내륙으로
도망칠 수
있었던 파충류는
물이 없으면
바싹 말라.

그러나
퇴화하는
생물도
나타나기
시작했다.
양서류
크라시기리누스

잡았다!

사지가 생긴 뒤
물로 돌아가
발들이
퇴화했다.
왜냐하면
이제
안 쓰니까.

천적이 없는
내륙에서
조금씩
세력을 키워

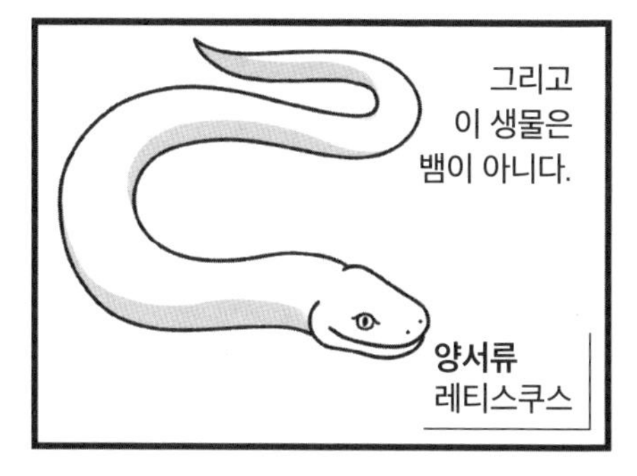
그리고
이 생물은
뱀이 아니다.
양서류
레티스쿠스

끄윽
공룡으로
변모한다.
1억 년 뒤 말이다.

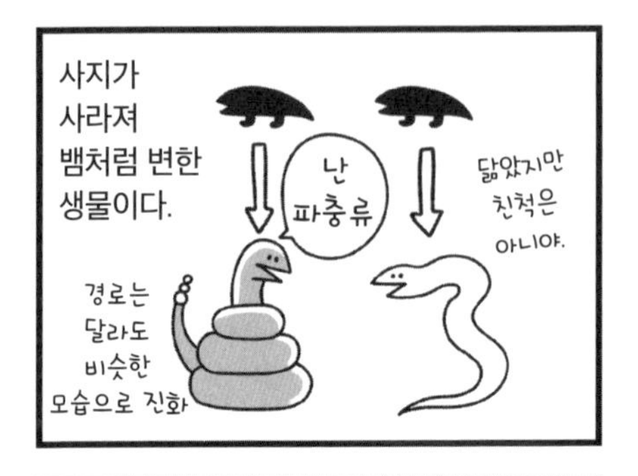

사지가 사라져 뱀처럼 변한 생물이다.
난 파충류
닮았지만 친척은 아니야.
경로는 달라도 비슷한 모습으로 진화

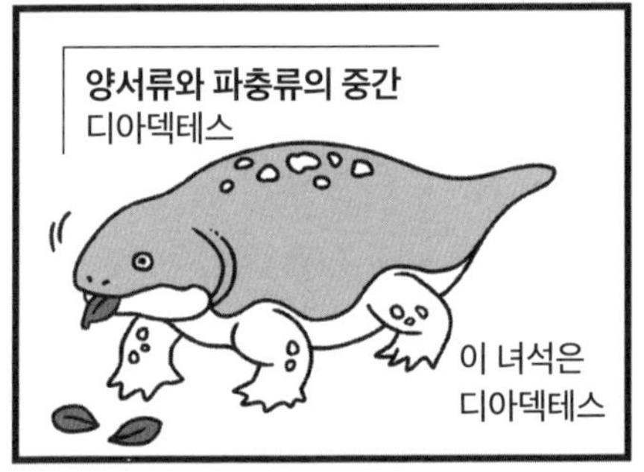

양서류와 파충류의 중간
디아덱테스
이 녀석은 디아덱테스

최초의 초식 동물로 알려져 있다.
여기 봐.
이빨이 식물을 제대로 짓이길 수 있어.

원하는 대로 다 하는구나…
발을 없애고 물로 돌아오고.

대삼림 탄생

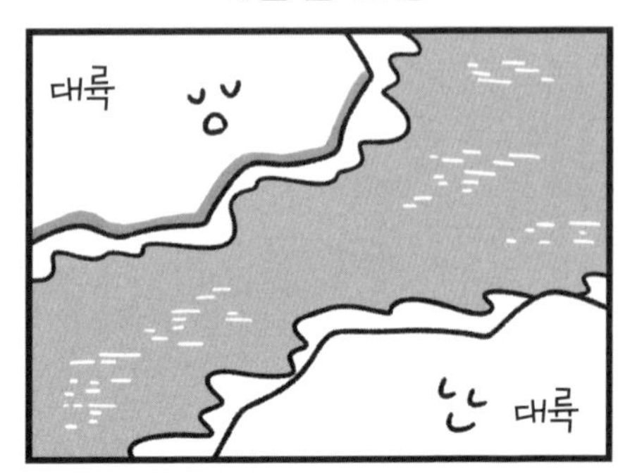

대륙
대륙

부딪쳐

꺄
악

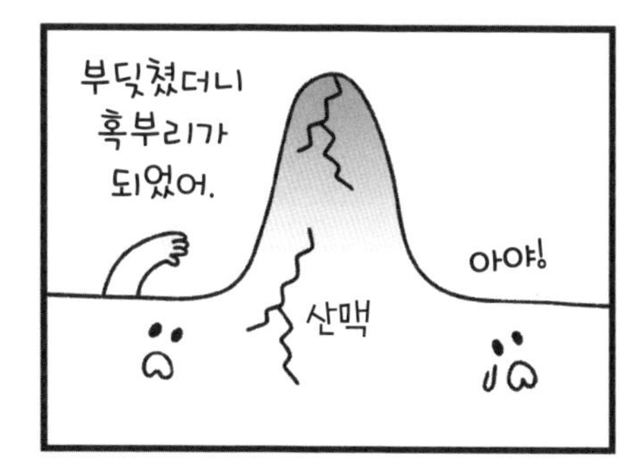
부딪쳤더니
혹부리가
되었어.
아야!
산맥

산맥

앞이
막혔어!
쫘ㅡ
앗ㅡ

강이 생기니
습도가
높아지네.
여기에
뿌리
내리자.
우와~
진짜
좋다!

대삼림 탄생
맞아ㅡ
좋지ㅡ

석탄

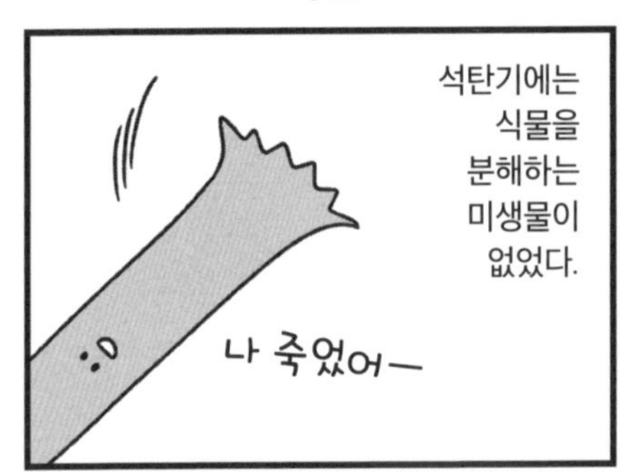
석탄기에는
식물을
분해하는
미생물이
없었다.
나 죽었어—

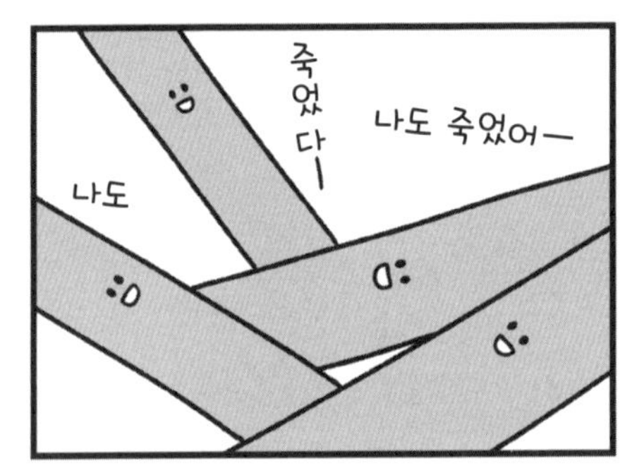
죽었다—
나도 죽었어—
나도

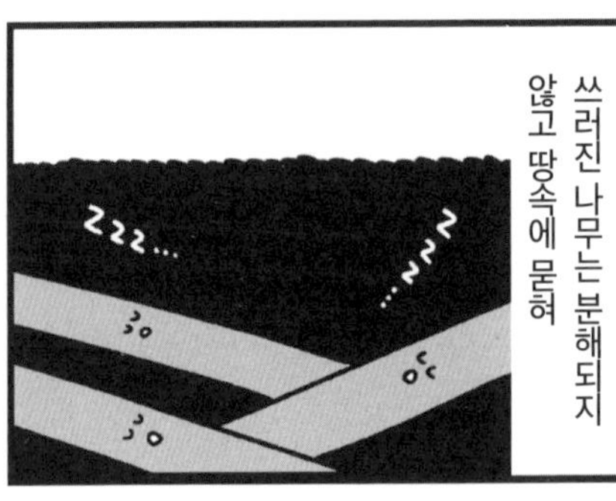
쓰러진 나무는 분해되지
않고 땅속에 묻혀
zzz...
zzz...

석탄이
되었고
훗날 인간이
이를
이용하게
된다.
대략
3억 년 뒤의
일이다.
칙칙폭폭~

거대해진 곤충

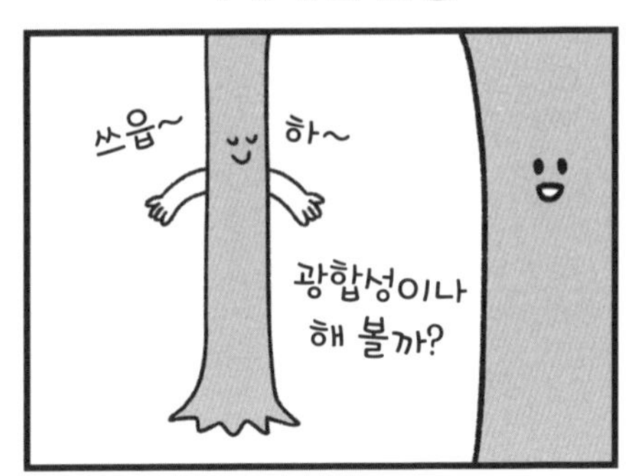
쓰읍~
하~
광합성이나
해 볼까?

왠지 다시 산소가
많아진 것 같아.

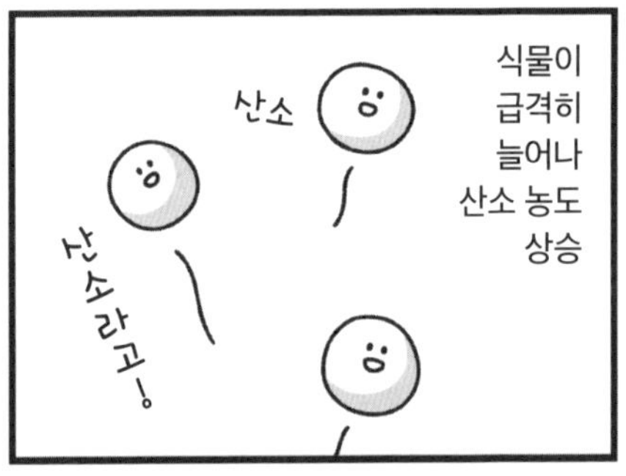
식물이
급격히
늘어나
산소 농도
상승
산소
산소라고~

산소 농도가
올라가면
생물의 몸집이
커지는 경향이
있다.

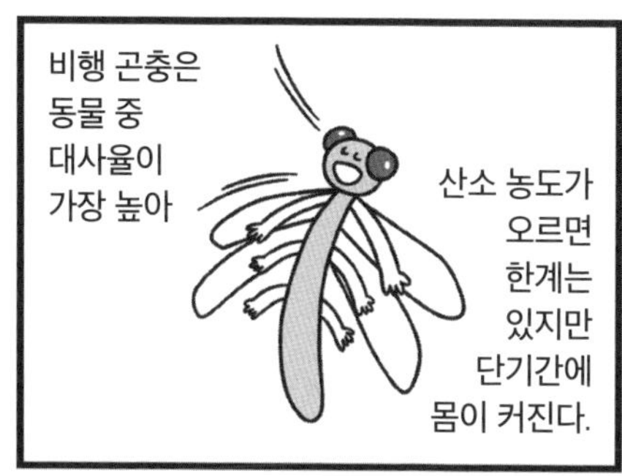

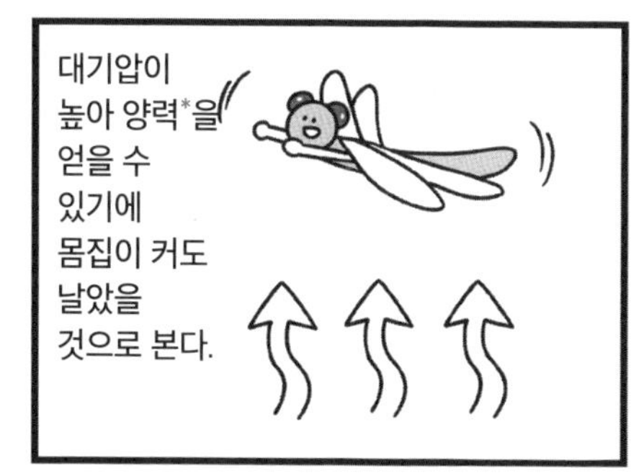

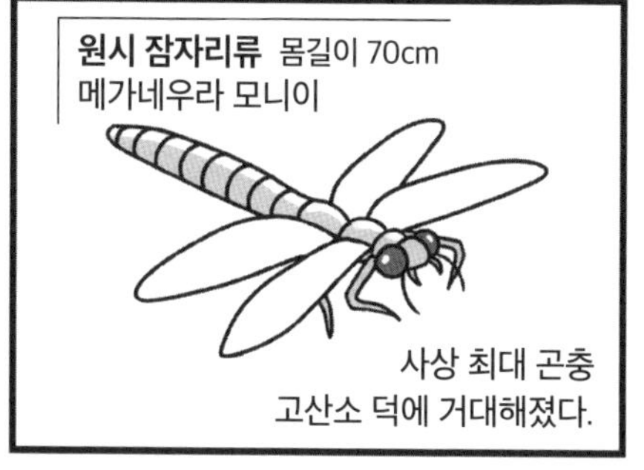

* 양력은 기체나 액체 속을 고체가 움직일 때 수직 방향으로 발생하는 힘이다.
비행기, 새가 날 수 있는 것은 양력 때문이다.

대빙하 시대

유후~
오랜만이야~

이거 대단히
미안한데

빙하기가 또 왔어요.

심상찮아.
윽 추워~

제발 살살
넘어가
줬으면…

이렇게 석탄기는
종말을 맞이하고
파닥
파닥
고생대 마지막 시기인
페름기로 들어간다.

잠깐
쉬는 시간

번외편 ① 분노의 쇠주먹 1

다정한 응원

후 ―
회사 다니기 힘들어.

인간이 머리가 얼마나 좋은데
쓸데없는 생각 하지 마.

난 정말
머리가 나쁜 걸까?

잔말 말고 기분 전환이나 하자.
코미디 어때?

바보 같은
소리!

자, 코미디 영화 보고 기운 차려.
대여

그렇게 질질 짜고 못나게 구는 것도
머리가 좋기 때문이야.

응…
어때 재밌지? 무지 웃긴다. 기운 좀 나?
조금씩 다시 힘내 볼게.

번외편 ②
분노의 쇠주먹 2

다정한 응원 2

아—
취직한 건
좋은데
똑같은
일상은
너무 싫다.

알고 보면
평범한 건
대단한 거야.

내 인생은
정말
지루해.

안 팔려서
처분되는 애들도
있어.
나라도 없이
떠도는 사람도
있고

회사
들어갔
잖냐!

최고잖아!
돈을 치르면
맛있는 거 먹지,
편하게 쉬지,

축하해.
자, 정말 축하해.

귤이
없는데…
물론 네 기분
모르는 건 아냐.
코미디라도 보자.
잘 먹네.
귤 없어?

번외편 ③

진핵 세포

날벼락도 참!
그러게…

그런데 그 녀석
진핵 세포의 대표처럼 굴지만

부시럭
부시럭

인간은 세포만 해도 종류가 200개가 넘는다고. 게다가 모양도 다 다르지.
쪼록

그렇게 우스운 모양 아니거든.

입 다물어,
애송이!

개성

아—
코가
조금만
높으면…
왜?

뭐냐니?
원래 그래.
그게
좋잖아?
왜 그래야
하는데?

어째서? 왜
코가 낮으면
안 예쁜데?
왜라니?
그래야
예쁘니까.

왜 달라지려고
하지?

너도 좀
남자다워져야 해.
음…
균형 문제?

개체 차이가
생기도록
힘들게
진화했는데
왜
자기다워
지려고
하지 않지?

남잔
남자답게
여잔
여자답게!
남자다운 게
뭐야?

제발 좀
개성을
발휘하란
말이야!
그래…
미안해—

Permian Period

2억 9,900만 년 전~2억 5,200만 년 전

선캄브리아 시대

46억 년 전~
5억 4,100년 전

에디아카라기

6억 3,500만 년 전~
5억 4,100만 년 전

캄브리아기

5억 4,100만 년 전~
4억 8,500만 년 전

오르도비스기

4억 8,500만 년 전~
4억 4,400만 년 전

실루리아기

4억 4,400만 년 전~
4억 1,900만 년 전

데본기

4억 1,900만 년 전~
3억 5,900만 년 전

석탄기

3억 5,900만 년 전~
2억 9,900만 년 전

트라이아스기

2억 5,200만 년 전~
2억 100만 년 전

쥐라기

2억 100만 년 전~
1억 4,500만 년 전

백악기

1억 4,500만 년 전~
6,600만 년 전

페름기

단궁류가
나타나
양서류·
파충류와 대립.
세 번째
대멸종이 덮치다

에리옵스

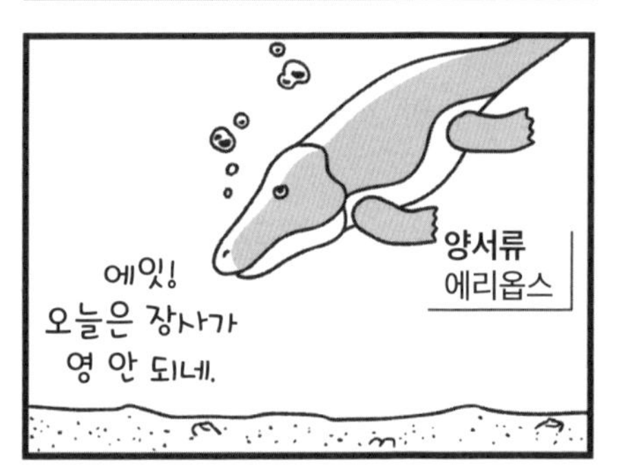

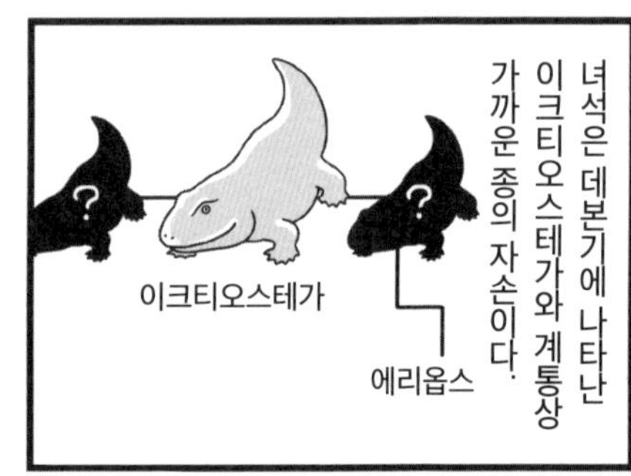

간질
간질
헤헤,
그만해~

에헤헤
간질
간질

좋겠다~
물속은 즐겁겠어.

스르륵
하지 마.

나 말이야,
물로 돌아갈래.
정말?
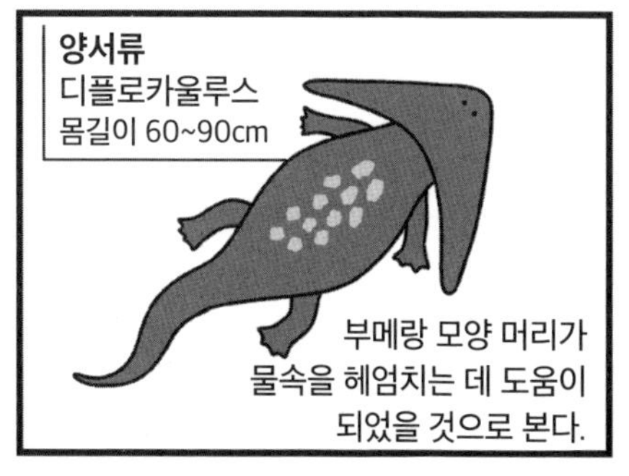
양서류
디플로카울루스
몸길이 60~90cm
부메랑 모양 머리가
물속을 헤엄치는 데 도움이
되었을 것으로 본다.

첨벙!

물로 돌아간 파충류

안녕?
좋은 아침

육지에 적응한 파충류가 물에도 적응하기 시작했다.
'파충류 시대'가 열릴 조짐이었다.

있잖아, 요즘 걔 안 보이더라.

첨~벙
어디 보자.

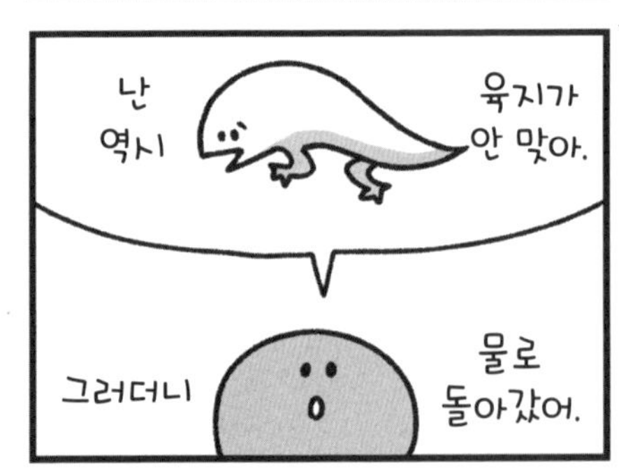
난 역시 육지가 안 맞아.
그러더니 물로 돌아갔어.

진짜? 그랬구나. 파충류잖아?
걔가 파충류였나?

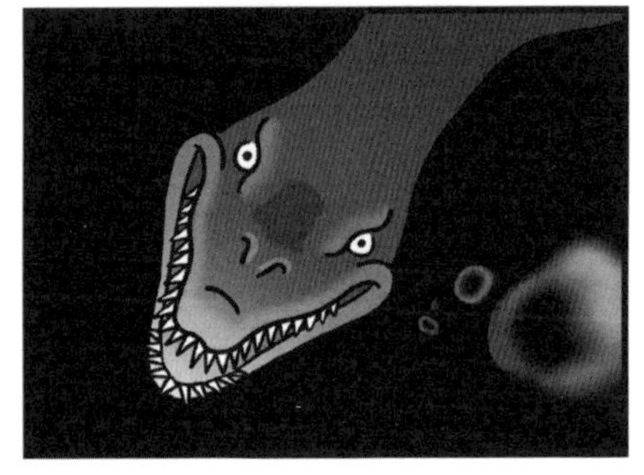

하늘로 진출한 파충류

무서워!

수생 파충류
메소사우루스
몸길이 1m
물에 적응한 초기 파충류. 담수종이다.

너무너무
무서웠어.
그 정도야?
진짜?

파충류는 더 다양해졌고
이번엔 하늘로 진출했다.

아! 하늘을
맘껏 날아 봤으면…

퍼덕-

파충류
코일루로사우라부스

날…
날았어?!

샤샥—
도마뱀을 닮은 이 생물은 처음으로 하늘을 난 척추동물로 여겨진다.
야,
너 잠깐만!

사인 한 장만 해줄래?
엥!?

단궁류 탄생

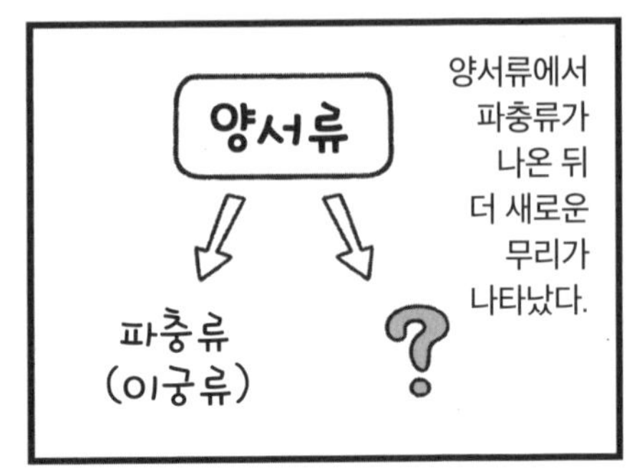
양서류에서 파충류가 나온 뒤 더 새로운 무리가 나타났다.
양서류
파충류
(이궁류)
?

단궁류였다.
최초의 단궁류
아르카이오티리스

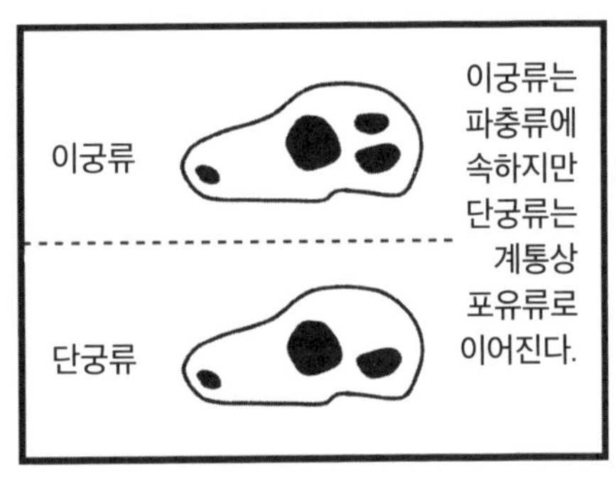
이궁류는 파충류에 속하지만 단궁류는 계통상 포유류로 이어진다.
이궁류
단궁류

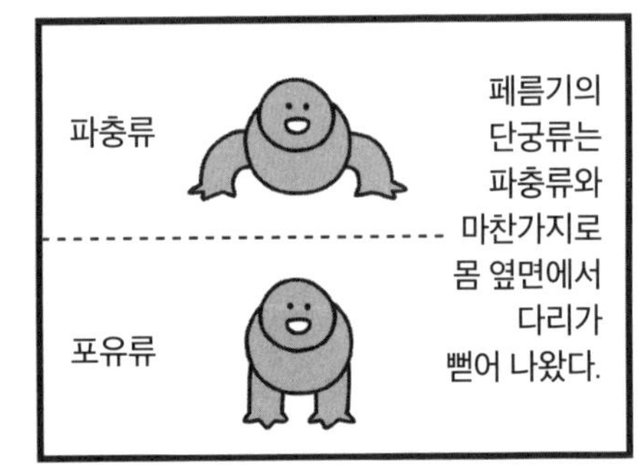
페름기의 단궁류는 파충류와 마찬가지로 몸 옆면에서 다리가 뻗어 나왔다.
파충류
포유류

다양한 단궁류 생물

움직이면
폐가
눌려서
숨이 막혀.

단궁류
디메트로돈

켁
켁
죽겠네.

등에 난 넓은 돌기에는
혈관이 뻗어 있어서

그렇다고
매번
멈춰서
숨을 쉴 순
없지.

체온을 효율적으로
올릴 수 있었다.

그래서 다리를
몸통 아래로
보내 폐를
덜 압박하려
했는지도
모른다.
이대로는
못 살아.

단궁류
코틸로린쿠스

17등신 생물로
모델 뺨친다.

몸집이 큰 수궁류도 나타났고
이노스트란케비아
몸길이 3.5m

단궁류
중에서
'수궁류'라는
무리 출현
리카이놉스
디익토돈

그보다 훨씬 큰 수궁류도
탄생했다.
모스콥스
몸길이 5m

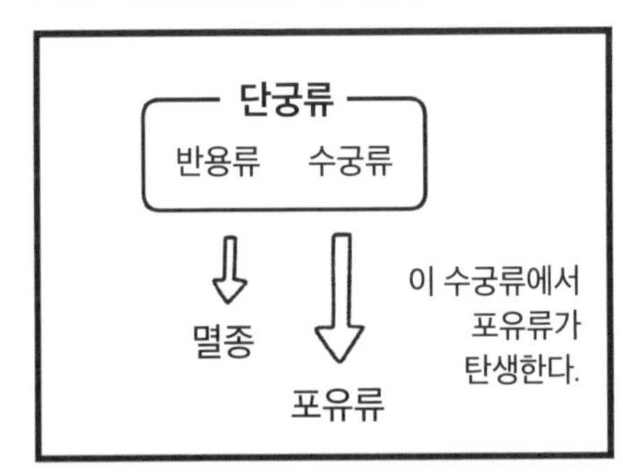
단궁류
반용류
수궁류
멸종
포유류
이 수궁류에서
포유류가
탄생한다.

단궁류는
점점 몸집이
커지고 점점
다양해지며
번성했다.

그중에서도 리카이놉스는
이빨이 길고 날카로운
무시무시한 육식 동물이었다.

잘난 척하기는…
한참 늦게
나타난 주제에…
양서류
이궁류

왕위 다툼

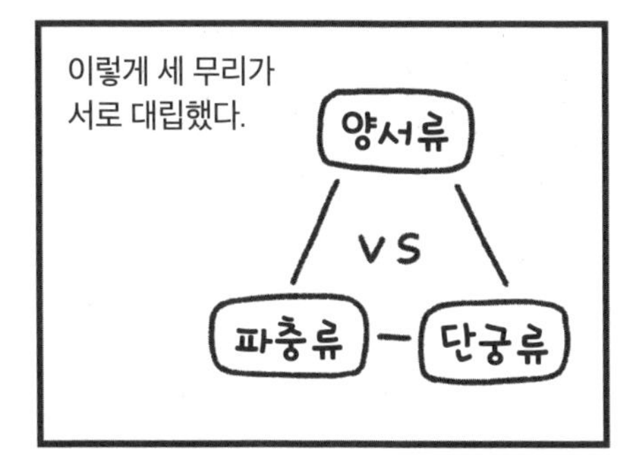
이렇게 세 무리가
서로 대립했다.
양서류
VS
파충류
단궁류

파충류
양서류
단궁류

양서류가
먼저
강펀치!
퍽! 퍽!

힘없이 무너지는 파충류!
이때 엄청난
어금니를 가진
단궁류가 등장

뒤쫓는 자 단궁류,
쫓기는 자 양서류!
야… 좀…

양서류
도망가나요?

단궁류 승리!
우승을
차지합니다.

언젠간…
너희를 꼭
무찌르겠어.

세 번째 대멸종

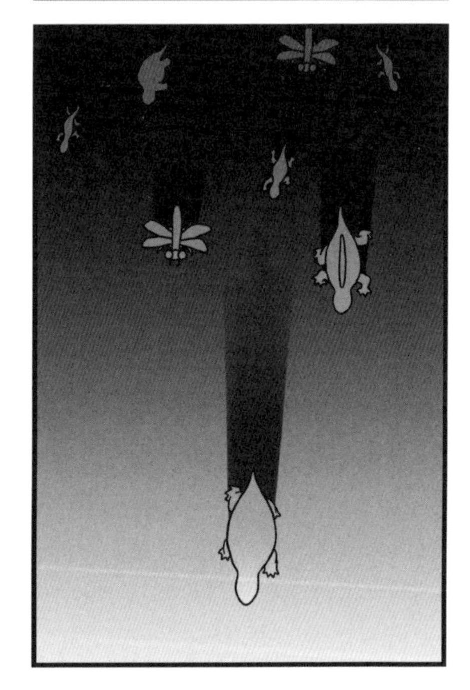

대규모 화산 활동이 일어났다.

대기 중에 먼지가 날리고
기온이 떨어져 식물이 줄었다.
추워
죽겠네!

뿌리가 있던
곳이 텅 비자
뻐끔

우르르
꺄악-
흙이 얕은 바다로
흘러내렸다.

오물
오물
오물
플랑크톤은 흙 속
영양분을 먹었고, 이때 산소가 소비되었다.

산소
얕은 바다가
무산소 상태가 되자
이거
큰일
났구나!

바다 밑 황화수소가
대기 중에 방출되었다.
황화수소

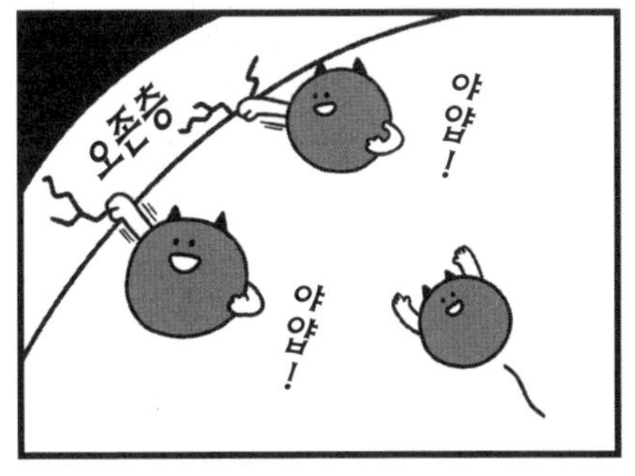
오존층
야얍!
야얍!

자외선
오존
휴!
아~
살 것 같아.
기분 좋다.

이미
멸종 위기에
있던 삼엽충은
완전히 자취를 감추었다.

산소 농도는 떨어졌고
유독 가스가 퍼졌다.
퍼벅
콩
콩

전체 생물의
86%가 사라지는
사상 최악의
대멸종이었다.

더워…
이제
글렀어.
오존층이
파괴되고
이산화탄소가
증가해
기온이
올라가자

육지와 바다 양쪽에서
많은 생물이 목숨을 잃었다.

그래도
이겨 내 보는 거야…
포기하지 마.
넵.

별똥별이다!
멋지다!

Triassic Period
2억 5,200만 년 전~2억 100만 년 전

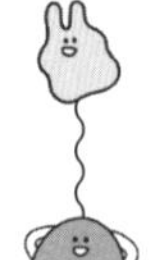
선캄브리아 시대
46억 년 전~
5억 4,100년 전

에디아카라기
6억 3,500만 년 전~
5억 4,100만 년 전

캄브리아기
5억 4,100만 년 전~
4억 8,500만 년 전

오르도비스기
4억 8,500만 년 전~
4억 4,400만 년 전

실루리아기
4억 4,400만 년 전~
4억 1,900만 년 전

데본기
4억 1,900만 년 전~
3억 5,900만 년 전

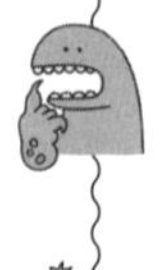
석탄기
3억 5,900만 년 전~
2억 9,900만 년 전

페름기
2억 9,900만 년 전~
2억 5,200만 년 전

쥐라기
2억 100만 년 전~
1억 4,500만 년 전

백악기
1억 4,500만 년 전~
6,600만 년 전

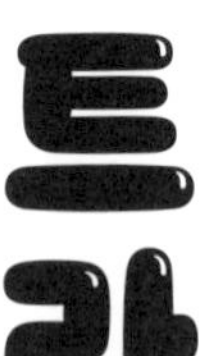

트라이아스기

파충류의
대활약,
공룡과 포유류
등장하나
네 번째
대멸종이
일어나다

물속으로 돌아간 자

맞아!
와— 역시
물속이
좋구나.

물속에서
살자—

육지 환경을
못 견디고
많은 파충류가
물속으로
돌아갔다.
나, 나도
물속으로 돌아갈래.

약한
놈들

리스트로사우루스

단궁류
리스트로사우루스

넌 요즘
살기 어때?

천적도 없고
덥긴 해도
그냥저냥
살 만해요.

녀석들은
전 세계로
흩어져
번성했다.

지배파충류 탄생

일찌감치 저산소 환경에 적응한 생물은 육지에 남은 파충류였다.
그러니까 이런 자세론 안 돼…

이얍~

우와와와
압박감이 없어.

예이이이이!
움직이면서도 숨을 쉴 수 있네!

헤엄을 쳐서 대륙을 건넌 것이 아니다.

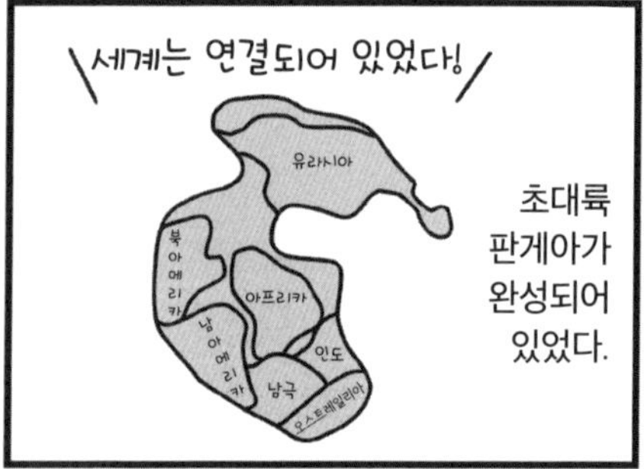

세계는 연결되어 있었다!
유라시아
북아메리카
아프리카
남아메리카
인도
남극
오스트레일리아
초대륙 판게아가 완성되어 있었다.

HAHAHA
꿈이 아닌 것 같지?
세계 정복도
HAHAHA

산소 농도 15%
솔직히 산소가 적어서 힘들어.
그러게.

지배파충류 탄생
하~
엄청
편해.
지배파충류
에우파르케리아

이 지배파충류에서
세 무리가
탄생한다.

먼저 크루로타르시류.
악어로 이어지는
무리다.
크루로타르시류
에피기아

크루로타르시류
사우로수쿠스

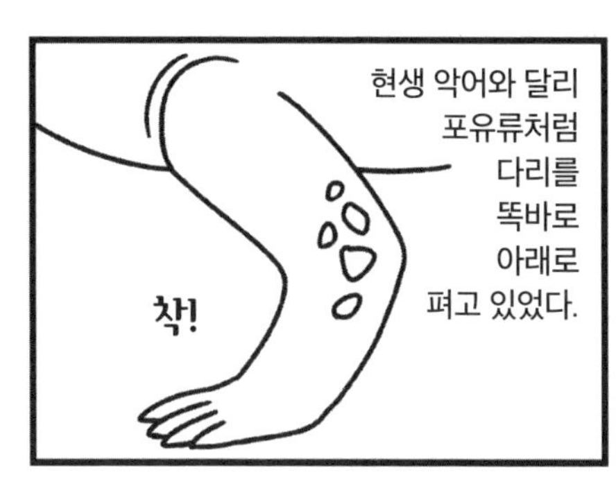

현생 악어와 달리
포유류처럼
다리를
똑바로
아래로
펴고 있었다.
착!

아유~
징 그러워.

작살나고
싶으냐?

에피기아는 발이
엄청나게 빨랐다.
쳇
잡아 봐~라.

익룡

공룡

또 하나의 무리는
요새 부쩍 찌네.
출~렁
특히 이 팔뚝에 붙은 살이 신경 쓰여.

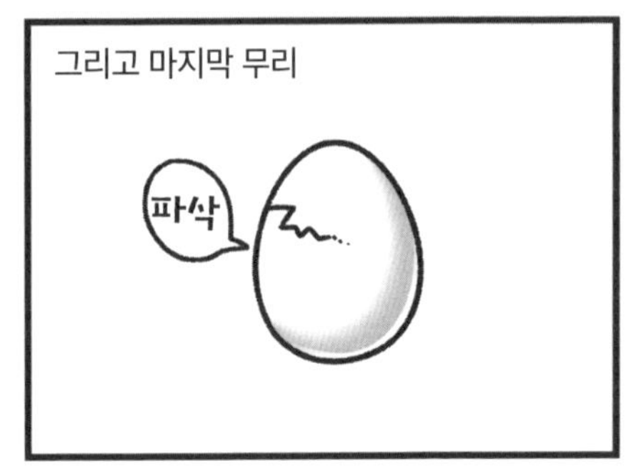
그리고 마지막 무리
파삭

슈—웅
단점은 곧 장점

엄마—
공룡류
에오랍토르

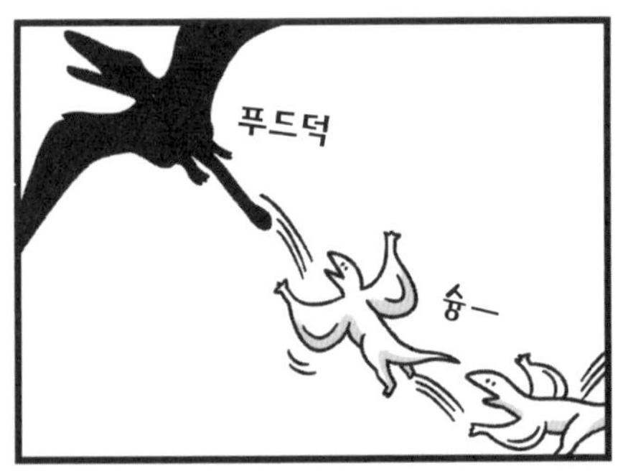
푸드덕
슝—

공룡이 탄생했다.
이 작은 생물은 훗날 세상을 지배한다.

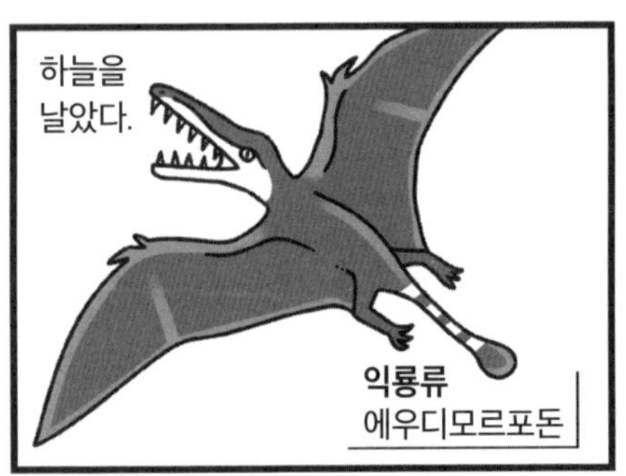
하늘을 날았다.
익룡류
에우디모르포돈

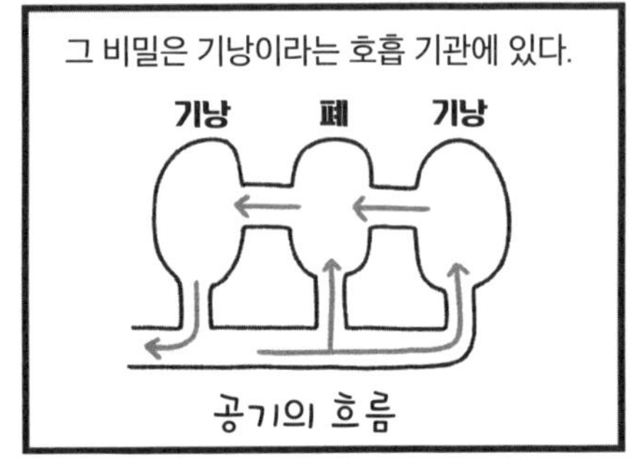
그 비밀은 기낭이라는 호흡 기관에 있다.
기낭
폐
기낭
공기의 흐름

현생 조류도 이를
그대로 이어받아

공기가
희박한
높은 하늘도
우아하게
날 수 있다.

산소가 희박하던 시기에
그들은 우위를 차지했다.
나는
아무
문제없어.

이 차이가
우리
조상에게
엄청난
타격을
주게 된다.

견치류

다다다다…
두두두두…

저놈들…
어찌 저리 힘이 넘치냐.
우리는 산소가
모자라 힘든데…

어느새
숫자도
엄청 늘었어.
우리
낙원이었는데…

크게
번성하던
리스트로
사우루스는
다양한 생물에
밀려 멸종했다.

단궁류(견치류)
프로벨레소돈

횡격막
만들었지!

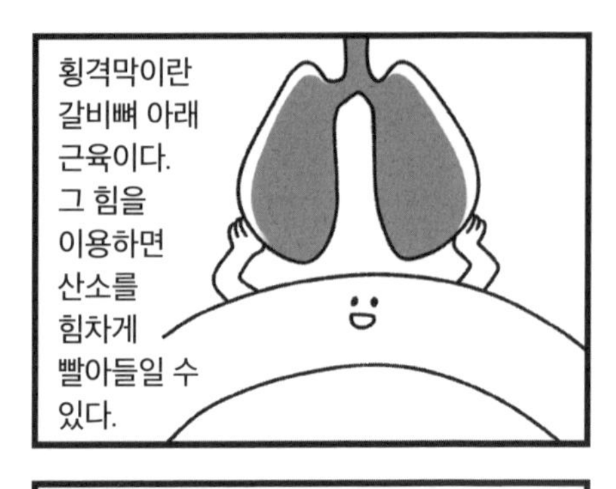
횡격막이란
갈비뼈 아래
근육이다.
그 힘을
이용하면
산소를
힘차게
빨아들일 수
있다.

그리고
한번 볼래?
나
2차
구개다!

2차 구개란?
비강과 구강이 구분되어 먹이를 먹으면서
코로 숨 쉴 수 있는 구조로 된 입천장이다.
맛있네, 맛있어.

어때?
대단하지?
단궁류
중에서는
포유류에
가까운
견치류가
나타났다.

아델로바실레우스

응?
엄마야!

그들도
저산소 환경에
적응했지만
공룡의 기낭에
비할 수는 없어서

단궁류는 서서히
약해져 갔다.

그리고 드디어
두두두두두두두두두

두두두 두두
엄마!
아악~

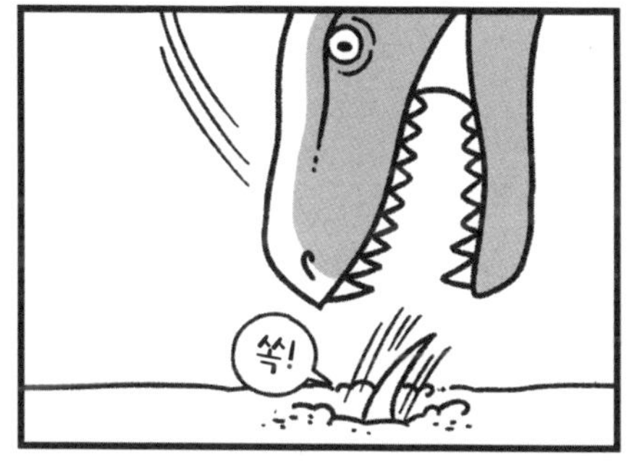
쏙!

크리리링……
포유류
아델로바실레우스

포유류로 진화

견치류에서
포유류가 탄생했다.

공룡이 있는 한
밖은 위험해요.
밤에
움직입시다.
그래요.

zzz
이렇게 해서
포유류는
야행성으로
살아간다.

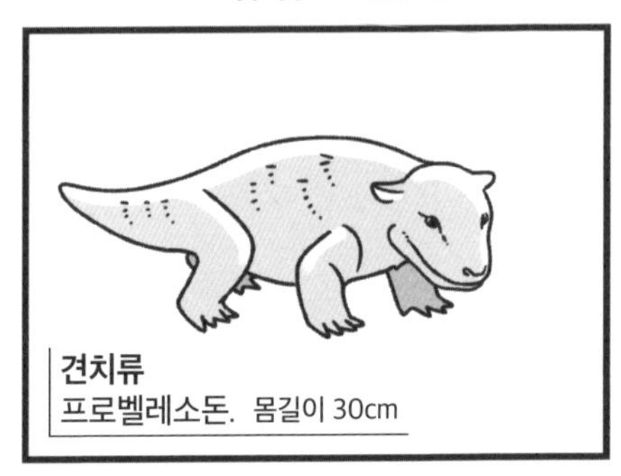
견치류
프로벨레소돈. 몸길이 30cm

견치류
엑사이레토돈. 몸길이 2m

포유류
모르가누코돈
몸길이 8cm. 초기 포유류의 특징을 보인다.

포유류
아델로바실레우스
몸길이 10cm. '눈에 띄지 않는 왕'이라는 뜻.
최초의 포유류라고 불린다.

어룡들

바닷속은 완전히
달라졌다.

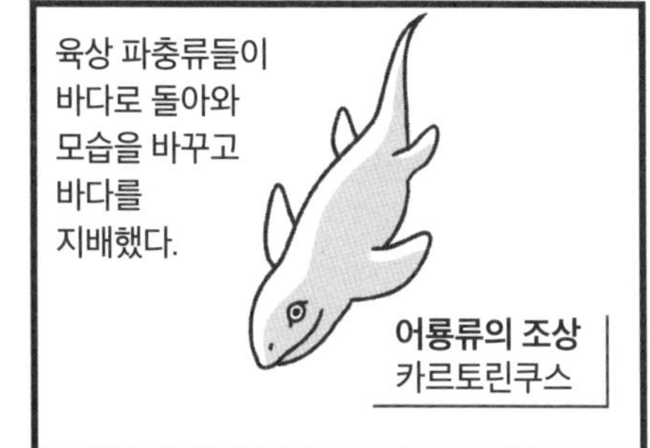
육상 파충류들이
바다로 돌아와
모습을 바꾸고
바다를
지배했다.
어룡류의 조상
카르토린쿠스

어룡
소니사우루스
21m
초기 어룡
카오후사우루스
어룡
탈라토아르콘

어룡 외에
여러
생물이
탄생했다.
판치류
플라코두스

기룡류
위웅구이사우루스

기룡류
케이코우사우루스
기룡류
아토포덴타투스

땅과 바다에서
파충류가
왕좌를 차지했다.

대형 공룡

덥석!

그때 생태계의 왕은 크루로타르시류였다.
크루로타르시류
파솔라수쿠스

음~ 녀석을 이기려면
몸집을
키워야 해.

나 불렀어?
공룡류
레셈사우루스
오오—

공룡류
프렌구엘리사우루스
뭘 봐?

저 몸에
초식 하나 봐.

그래?
너 진짜
키 크다.
멋져~
멋져~

그러는
사이
찾아라~
몸집 큰 녀석
찾아—

와글 와글
안녕!
뒤에 더 있어.
헉! 엄청난
숫자다.

트라이아스기는
막을 내린다.

네 번째 대멸종

쿵…

네 번째
대멸종이
일어났다.
콰과과앙…

공룡은 이 생존 경쟁에서
승리한다.

기낭이 있는
덕분인지,
행운이었는지,
발이 빨라
그랬는지는
모르지만…
그리고

쥐라기가
시작되었다.

1억 년 넘는 오랜 세월
왕좌에서 군림한다.

Jurassic Period

2억 100만 년 전~1억 4,500만 년 전

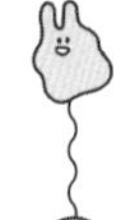

선캄브리아 시대

46억 년 전~
5억 4,100년 전

에디아카라기

6억 3,500만 년 전~
5억 4,100만 년 전

캄브리아기

5억 4,100만 년 전~
4억 8,500만 년 전

오르도비스기

4억 8,500만 년 전~
4억 4,400만 년 전

실루리아기

4억 4,400만 년 전~
4억 1,900만 년 전

데본기

4억 1,900만 년 전~
3억 5,900만 년 전

석탄기

3억 5,900만 년 전~
2억 9,900만 년 전

페름기

2억 9,900만 년 전~
2억 5,200만 년 전

트라이아스기

2억 5,200만 년 전~
2억 100만 년 전

백악기

1억 4,500만 년 전~
6,600만 년 전

쥐라기

공룡이
지배하는
세상에서
포유류,
겁에 질려 살다.
꽃이 피어나다

공룡 시대

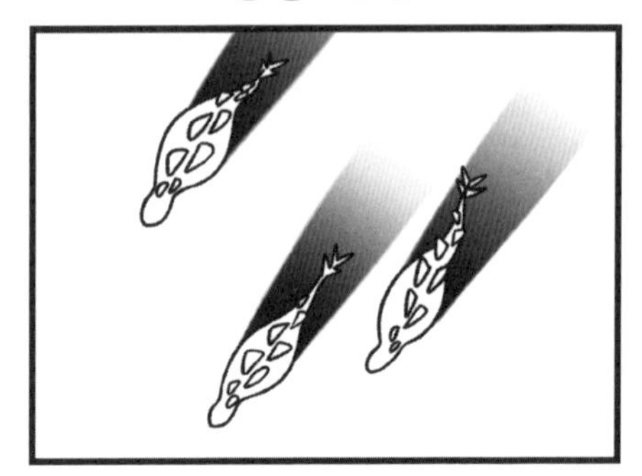

헤헤
캬아~
싸움 구경이
세상에서 젤
재밌어.

크르르
르릉…

지금 싸우고 있는
쟤들이 바로
스테고사우루스와
알로사우루스

두근
두근

힐끗
헉!

여러분
쥐라기에
오신 걸 환영해요.

헤헤헤
빨리
도망가는 게
좋을 것 같아요.

거대 공룡 마멘키사우루스

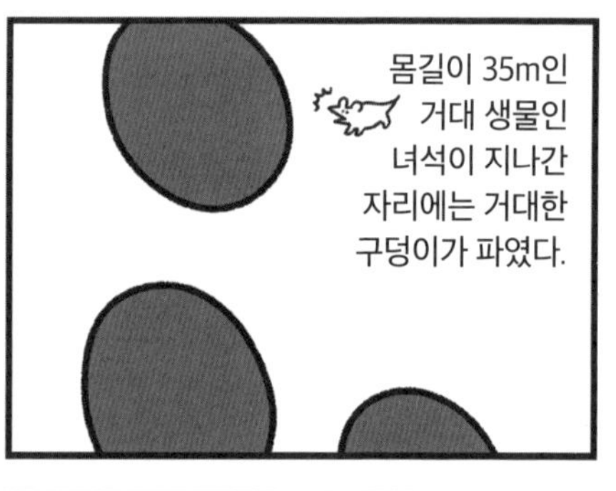

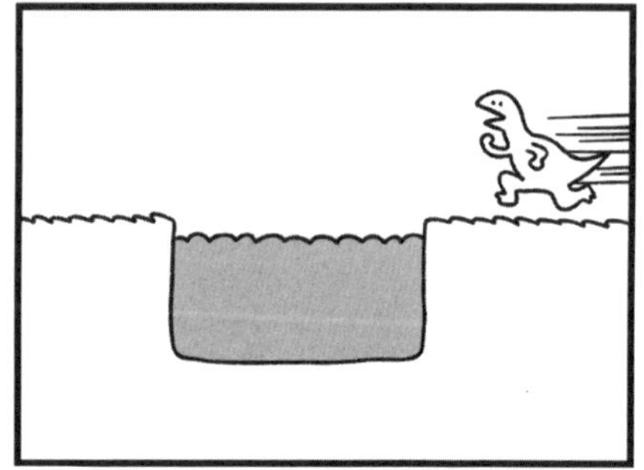

용반류와 조반류

공룡은 크게 두 종류로 나뉜다.
공룡류

첫 번째가 용반류. 이는 다시 수각류와 용각류로 구분된다.
수각류
용각류

두 번째는 조반류다.
검룡류
각룡류
조각류

자, 그럼 설명하러 갑니다아—

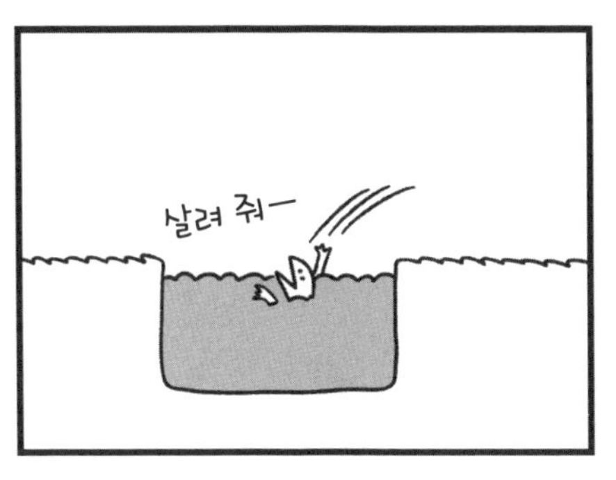

살려 줘—

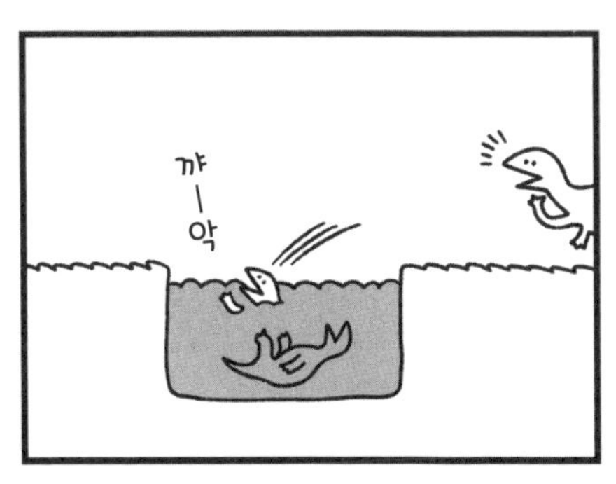

꺄—악

출입금지
삑삑!
못 가요!

시조새

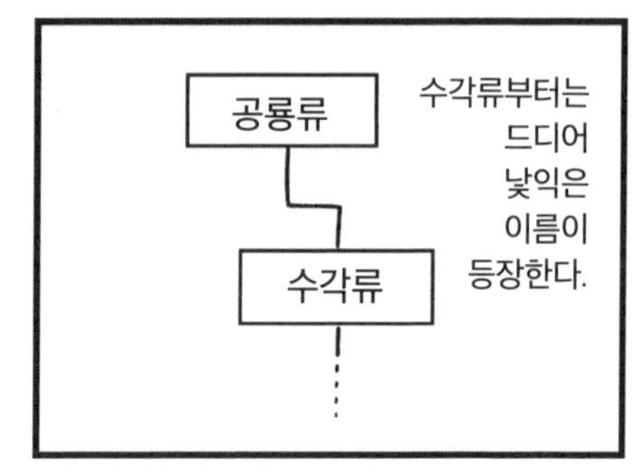
공룡류
수각류
수각류부터는
드디어
낯익은
이름이
등장한다.

조류다.

시조새
아르카이옵테릭스

우리는 용반류처럼
기낭이 없거든.

그래도 약하지 않아.
스테고사우루스를 봐.

아까
알로사우루스랑
싸우는 모습
봤지?
몸에 무기가
붙어 있단 말이야.

잘 부탁해!
거칠게 보이지만
초식 동물이라서
겁먹을 필요 없어.

이렇게 멋진 날개로 하늘을 날았을까?

아무래도 자유롭게 날지는 못한 것 같다.
휘익—

활공만
가능해.
슈슈슉!

암컷에게 구애하기 위한 것이라는 얘기도
있다.
맘에 들어?

깃털 있는 공룡

시조새 외에도
깃털을 가진 공룡이 있었다.

수각류
스키우루미무스

포근포근—♡
복슬복슬—♡

귀여운 척 좀
작작 해라.

나도
깃털 있거든.
수각류
유라베나토르

복슬복슬~♡
포근포근~♡

아이고 좋다…
으음…

못 봐주겠어
정말…
그만하고
돌아가자!

포유류의 여러 무리

Zzz…

이쪽은
유라마이아
시넨시스
인간의 증조 할머니시다.

트라이아스기에 탄생한 포유류는
여러 무리로 나뉜다.
지금까지 남아 있는 무리는 셋

첫 번째는
단공류
오리너구리 등
난생이다.

두 번째는
유대류
캥거루 등
미숙한 상태로
태어나 새끼주머니에서
자란다.

세 번째가
진수류다.
나?

사람, 개 등 유태반류가 이에 포함된다.
하암~
쥐를 닮은 이 동물이
최초의 진수류다.

꿈 한번 잘 꿨다.
공룡이
사라지다니
그럴 리
없어…

포유류, 물과 하늘로 진출

포유류
카스토로카우다

푸하

우아!
수영도 잘하고
좋겠다.
푸우

난 하늘을 나는 네가 부러운데.
어, 그래?

으쌰~
팟!
포유류
볼라티코테리움

그들 무리는 명맥을 잇지 못해 멸종했다.
짝 짝
멋지다!

꽃이 피어나다

판게아

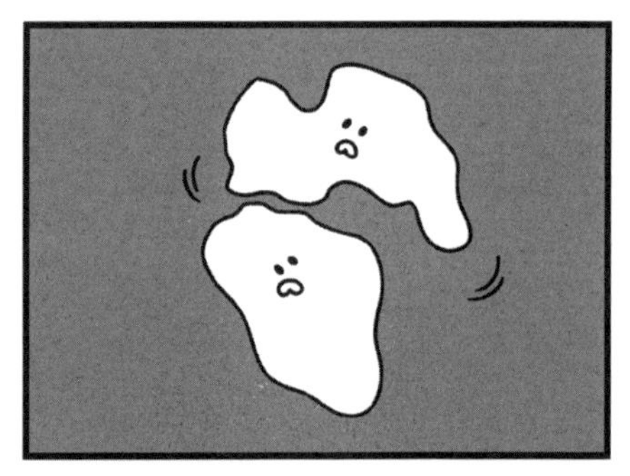

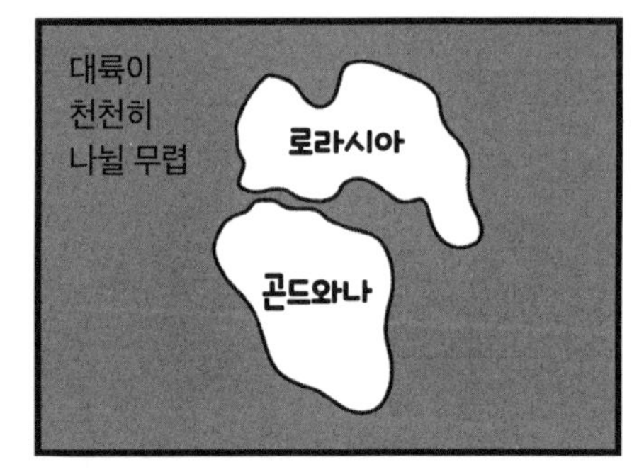
대륙이
천천히
나뉠 무렵
로라시아
곤드와나

식물 가운데

드디어 꽃을 피우는 종이 나타났다.

뭐야?
뭐지?
뭘까?
뭐야?

Cretaceous Period

1억 4,500만 년 전~6,600만 년 전

선캄브리아 시대

46억 년 전~
5억 4,100년 전

에디아카라기

6억 3,500만 년 전~
5억 4,100만 년 전

캄브리아기

5억 4,100만 년 전~
4억 8,500만 년 전

오르도비스기

4억 8,500만 년 전~
4억 4,400만 년 전

실루리아기

4억 4,400만 년 전~
4억 1,900만 년 전

데본기

4억 1,900만 년 전~
3억 5,900만 년 전

석탄기

3억 5,900만 년 전~
2억 9,900만 년 전

페름기

2억 9,900만 년 전~
2억 5,200만 년 전

트라이아스기

2억 5,200만 년 전~
2억 100만 년 전

쥐라기

2억 100만 년 전~
1억 4,500만 년 전

백악기

거대 운석이
떨어져
몸집 작은
공룡과 포유류만
살아남는
다섯 번째
대멸종 시대

어룡이 죽다

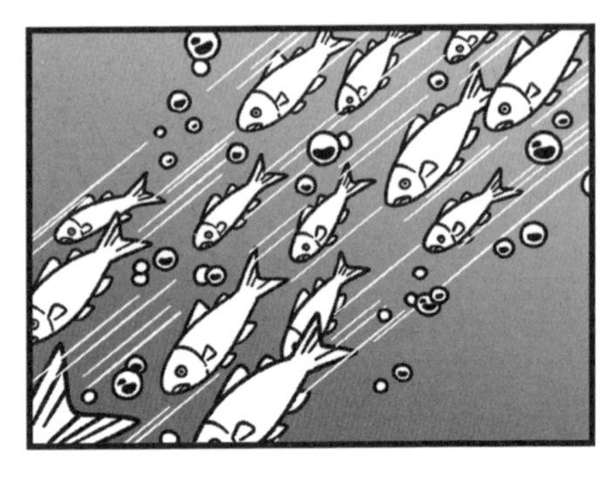

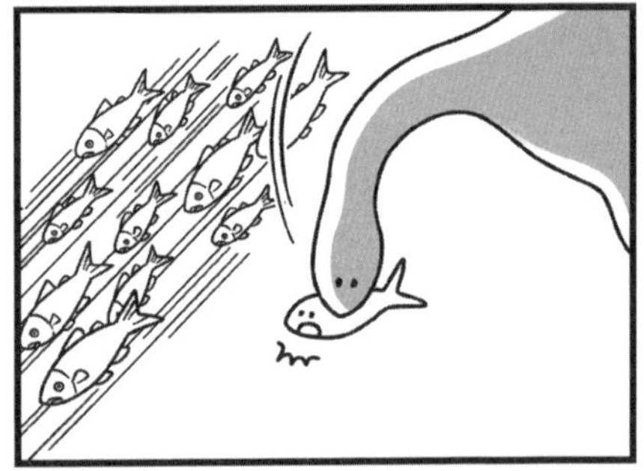

또 물고기 잡았냐?
응! 맛나더라.

덥석
허걱!

너희가 싹쓸이하니까 우리 어룡이 먹을 게 없잖아!
버럭

해양 파충류
모사사우루스
백악기 바다 생태계의 최강자

내 알 바 아니고…
저~런

까아아악!
젠장! 계속해서
이상한 놈들만 나타난다니까…

배려심이 없다니까!
꼬륵~
쟤 진짜 짜증 나네!

이 냉혹한 생존 경쟁에서 패배한 어룡은 곧 멸종한다.
히잉~
가 버려!
저리 가!

티라노사우루스

다다다닷

으 —— 앙!
다다다다

샥!
어디 갔지?

저쪽인가?
벌렁
벌렁

티라노사우루스류
딜롱

여기선 더
못 살겠다.
아메리카로
도망가자!

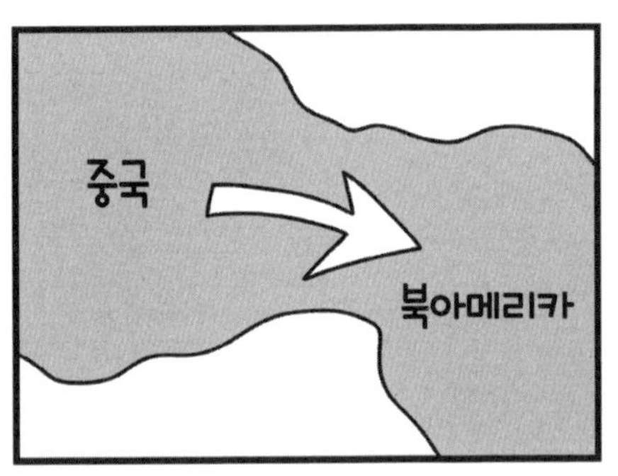
중국
북아메리카

이때의
티라노사우루스류는
작은 몸집에 깃털이
있었다.
여기가
아메리카구나!
휴, 덥다.
털을 벗자.

한편 서서히
산소 농도가
올라가자
우우우우…

게다가
조반류
공룡에게는
새 유형의
이빨이
있었다.
이~
난
통째로
삼켜.
틈새가
많구나.
용각류

야~
호ㅡ

난 확실히
짓이겨서
삼키지롱.
이쪽이
훨씬 낫네.

기낭이 없는 조반류의
기세가 오르기 시작했다.
HAHAHA
와다다!
HAHAHA

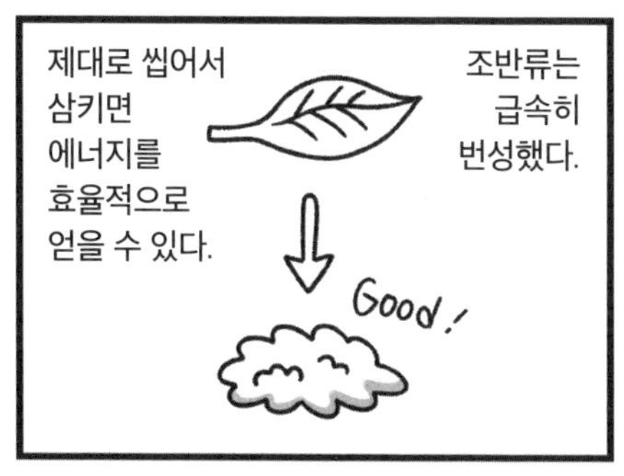

제대로 씹어서
삼키면
에너지를
효율적으로
얻을 수 있다.
조반류는
급속히
번성했다.
Good!

아마 산소 부족이라는
불리함이 사라진 덕이
컸을 것이다.
맛있어.
맛있다.

HAHA
HAHAHA

HAHAHA
HAHA

다들 크구나.
나도 몸집이 커져야 해.

싸움에 지지 않게!

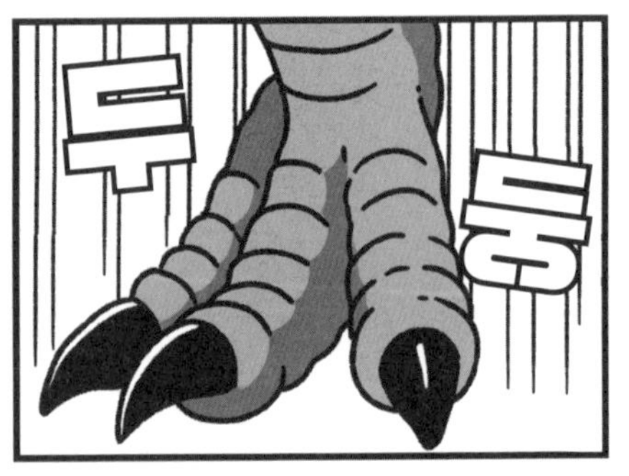
두
둥

티라노사우루스류
티라노사우루스 렉스
몸길이 13m 몸무게 6톤
무는 힘이 57000N으로 육상생물 중 최강.
성장기에는 1년에 700kg씩 커진다.

끼야아~
으아악~

백악기 말
중생대
마지막 왕이
탄생했다.

화석

이히히~
공주님 같지.

뭘 째려봐!
싸우자는 거야?
빠직

안 쳐다봤어ー
한번 해 볼래!
안 봤어~

안 쳐다봤다니까!
아까 노려봤잖아.

잘못했다.
휘이이잉

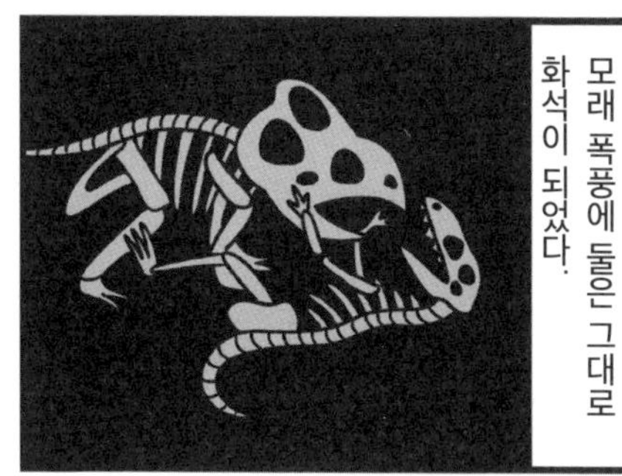
모래 폭풍에 둘은 그대로 화석이 되었다.

다섯 번째 대멸종

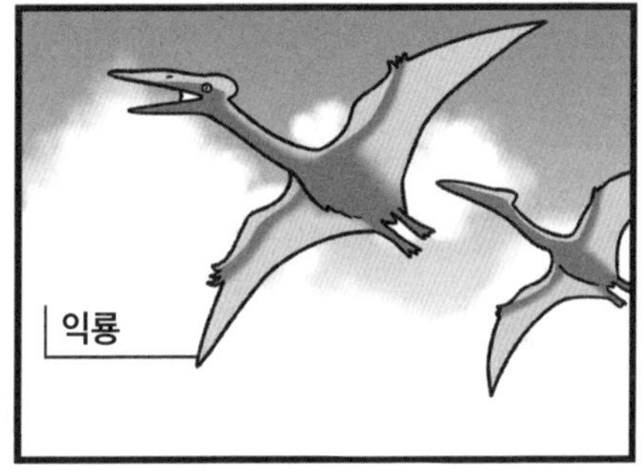

7,900만 년이나 이어진
백악기에 수많은 생물이
나타나 싸우고 사라졌다.

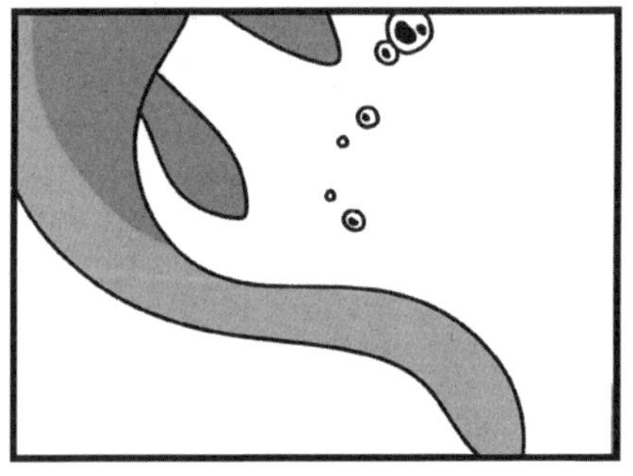

그러던
어느 날
살아남은
생물들도
최후의
순간을
맞는다.

엄마…
저게
뭐야?

히로시마 원자폭탄의
10억 배 에너지,
동일본 대지진의
1,000배나 되는
지진이 있었다고 한다.

크고 작은 암석은

대기권에 진입한 뒤
빠르게 낙하

반경 1,000km 안에 있던 생물은 바로 죽었고
지상의 온도는 1만 도까지 올랐다.

지옥 같은
상황이
여러 시간
이어진 뒤
고——요

살아남은 생물에게도
험난한 길이 펼쳐졌다.

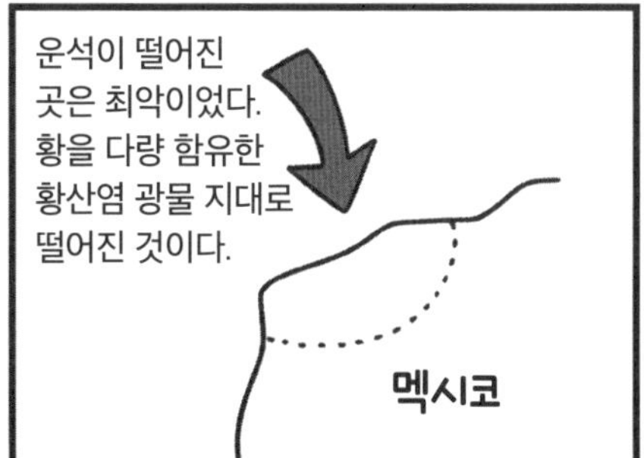
운석이 떨어진
곳은 최악이었다.
황을 다량 함유한
황산염 광물 지대로
떨어진 것이다.
멕시코

황은 산소와 섞여서
반가워!
황
산소

해양
생물들을
녹이기
시작했다.

산성비

그들의
먹이가 되는
플랑크톤도
피해를 보았다.

퐁당
퐁당

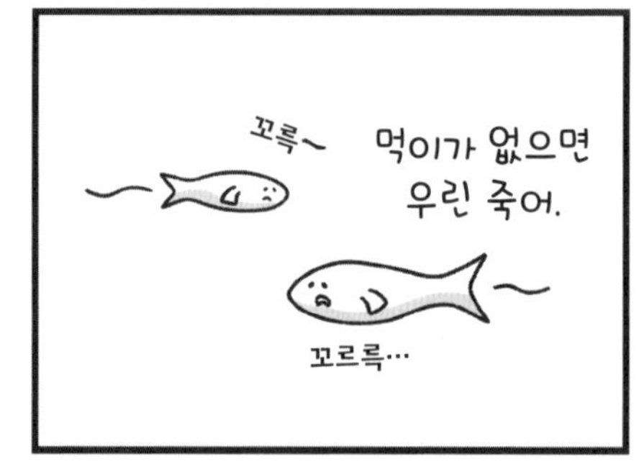
꼬륵~
먹이가 없으면
우린 죽어.
꼬르륵…

으아아~
어떡해…
몸이
녹아내려!

게다가

공중에 뜬 황과 먼지는
지구를 뒤덮고

햇빛을 차단해
황(에어로졸)

빠르게 지구를
냉각시켰다.
덜덜
오들
오들

그리고

암흑이 찾아왔다.

한랭화, 햇빛 감소, 산성비 탓에
식물이 급격히 줄어들자

초식 동물은 엄청난 피해를 보았다.

육지와 바다 모두의
생태계 균형이 무너졌다.

식물 사멸
↓
초식 동물
사멸
↓
육식 동물
사멸

플랑크톤
조개류 사멸
↓
해양 생물
사멸

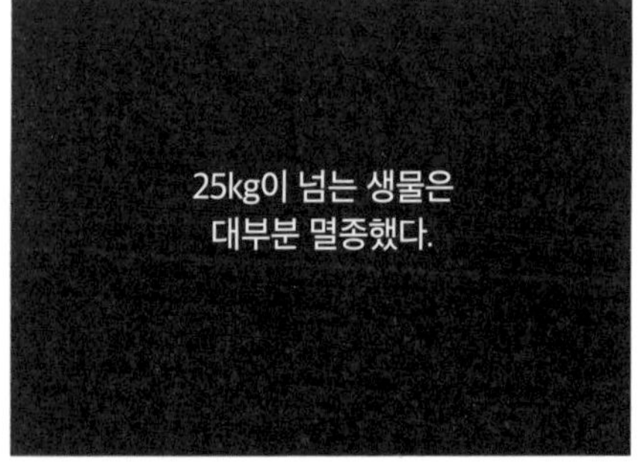

종말이 시작되다

크루로타르시류 생존자
악어류
생존자들의 생태계가
천천히 회복되었다.

그들은
모습을
바꾸어
우리 곁에서
살아가고 있다.

타타닷

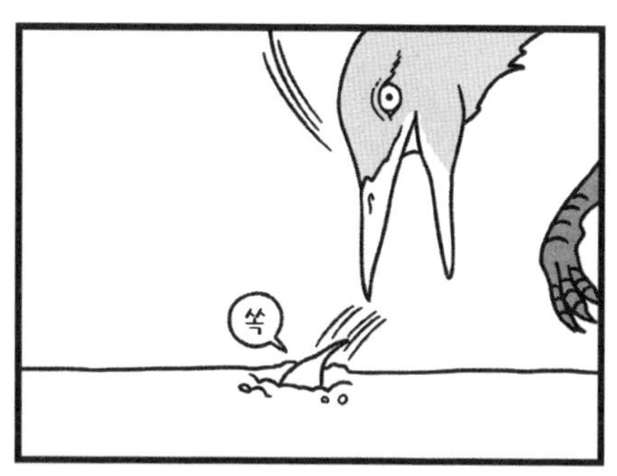
쏙

한편 이 작은 포유류는
어떻게 살아남았을까?

수각류로부터 탄생한 조류는
유일하게 살아남은 공룡이다.
첫!!

이들은 몸이 작아 구덩이
등에 몸을 숨길 수 있었고

잡식을 하기
때문에
먹이를
구하기
쉬웠다.

그리고
번식 주기도
짧아
환경에 잘
적응했으며

태반에서 새끼를
지킬 수 있는
점도
도움이 되었다.

다음 생태계의 왕좌는
누가 차지할까?

생물은 우리가
상상하는 것보다
훨씬 생명력이
강하다.

왕좌의 새 주인은
6,600만 년 뒤
나타난다.

끝내기 전에

처음에 얘기했지만 진화는 생물이 노력해서 이룬 게 아닙니다.
날고 싶으니까
날개를 만들자!
아니야!

DNA가 어쩌다 실수해서
단백질
레시피 완성!

독특한 특징이 만들어지고
이게 뭐지?

으앙!

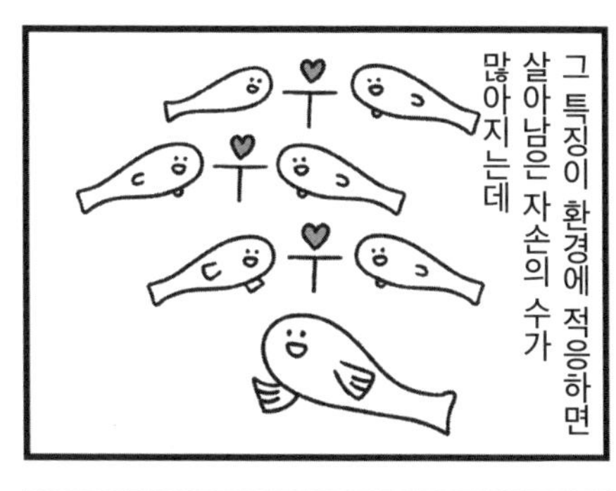
그 특징이 환경에 적응하면 살아남은 자손의 수가 많아지는데

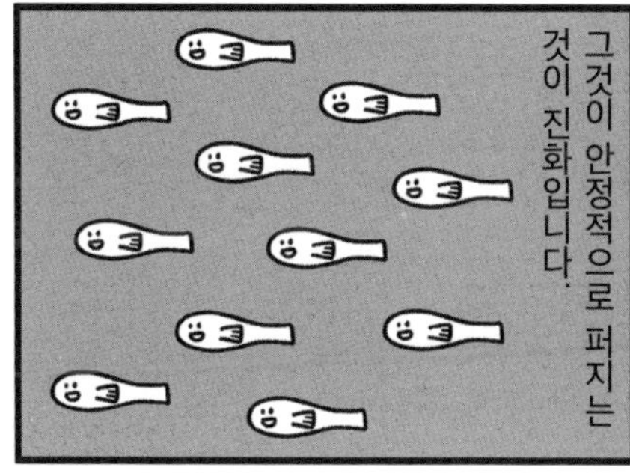
그것이 안정적으로 퍼지는 것이 진화입니다.

안정적으로 확산되지 못하면 진화는 일어나지 않죠.
쓸데없이!
난 하트 있다.

한정된 자원을 뺏고 빼앗기며 변하는 환경에 적응하고 변화해 가는 거죠.
미안해요.
빙하기가 또 왔네요.

이런 과정은
수억 년 동안
되풀이되었어요.

정말이지
까마득한
세월이었어.

인간이
탄생한 건
겨우
수십만 년
전

1억 년이나
지배자로
군림한
공룡도
지금은
여러분
식탁에 오르는
신세가 되었어요.

지금은 분명
인간이
생태계의
왕이지만

이렇게 말하고 있는
사이에도
실수를
되풀이하고
있으며
완성!

자연계에서는 늘 생사를 건
자연 선택이 일어나고
꼬르륵

환경도 변해 갑니다.

100년 뒤
1,000년 뒤
10만 년
뒤엔
어떻게
될까요?

누가
이기고 지든
나 DNA는
그저 계속
늘어날 수밖에
없겠지요.

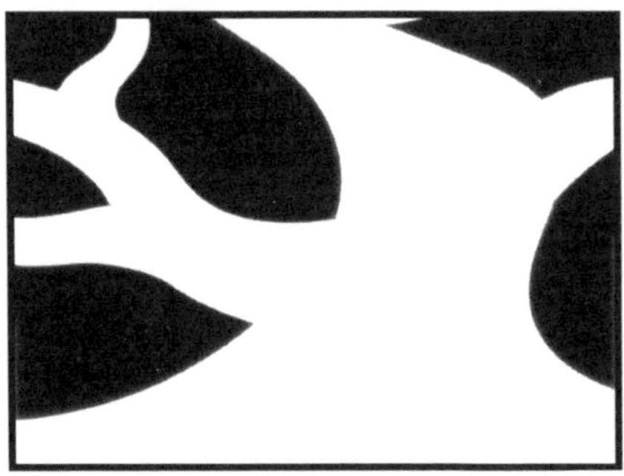

번외편 ④

파티

가장무도회 하자—
예이!
예이!

핼러윈!
오오,
좋은데~

크리스마스!
오~

설날!
오~

그럼 앞으로 인류가
어떻게 진화할지
생각해 볼까?

털이랑 엄니도
없어졌고
맞아.
분명히 신체가
퇴화하고 있어.

너희 집에서
파티 중이야.
어서 와.

다세포 생물

다세포 생물이 뭐야?

사람을 봐.
일단 세포가 엄청 많지?

네!
너희는 피부!
너는 신경!

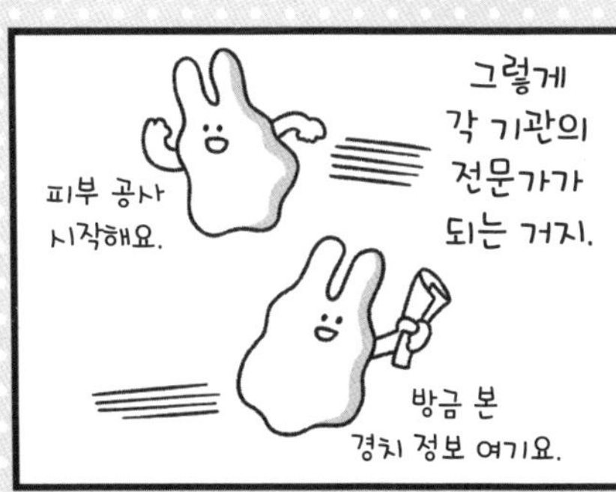
그렇게 각 기관의 전문가가 되는 거지.
피부 공사 시작해요.
방금 본 경치 정보 여기요.

전문가들이 모여서 작품을 하나 만드는 거라고 보면 돼.
휴
배고파!
도시락 아직 안 왔어?

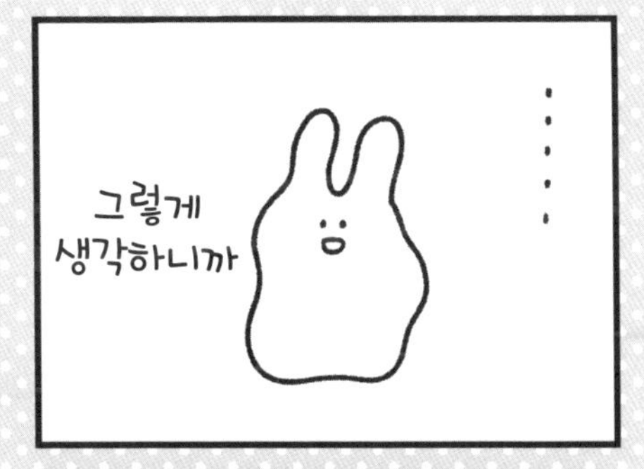
그렇게 생각하니까
……

인류 전체가
하나의 생명체로 보이는걸.

번외편 ⑤
60년 뒤 내 모습

나비 효과

참 희한하게 생겼네!
고생물

그렇지?
넌 나랑 아무 관계도 없다고 생각하지?

그런 생각 안 해 봤는데…
오래전엔 같은 계통이었어!

아주 작은 변화가 미래를 바꾼다고!
나비 효과라고 못 들어 봤어?

운석이 떨어져 공룡이 죽은 건 우연이었지만
그 덕에 네가 있는 거야!

우리가 죽었으니까
다시는 살아올 수 없지만

우리가 있었기에…
네가 태어났단 말이지!

잘 기억해 둬!
철퍼덕
죄… 죄송해요.

가르쳐 줘,
진핵생물 군!

자기소개

유후~
안녕?
난 진핵생물
DNA를
핵으로
보호하죠.

멋지다!
텔레비전에 나오는
기자 같아.
마이크 들었네.
헤
?
헤
?

지금부터
여러
생물을
인터뷰해
볼게요.
잘 들어 봐요!

어떤 도넛을
좋아하나요?
네?
옛날 도넛이요.
?
뭔데
뭔데…
난 찹쌀 도넛.

이어폰 같은 DNA

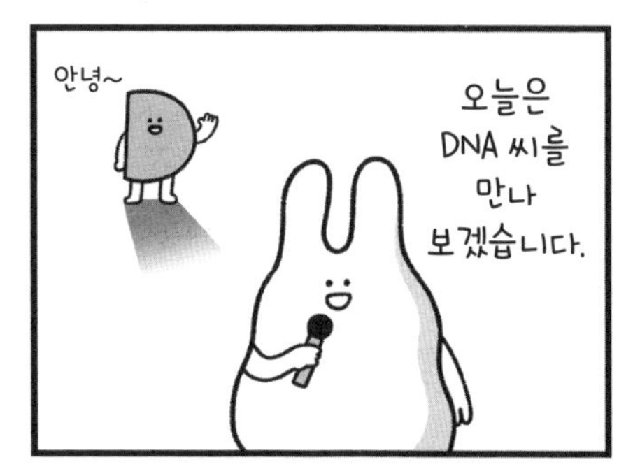

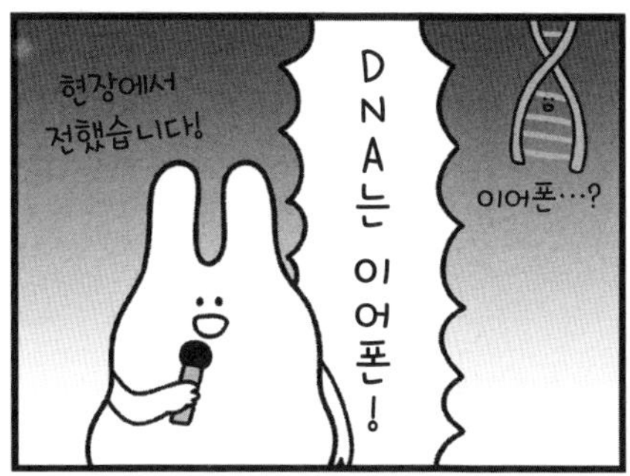

RNA

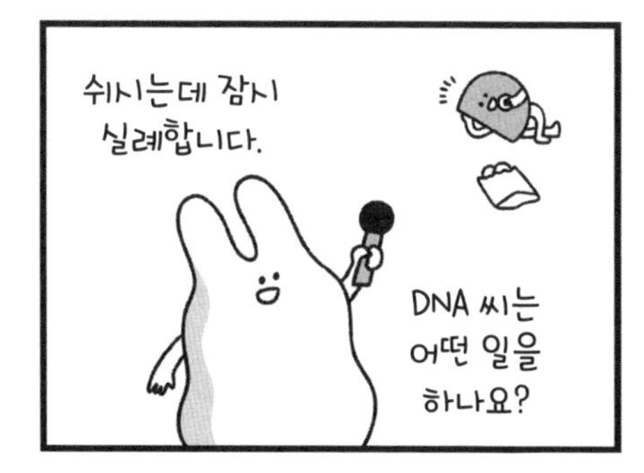

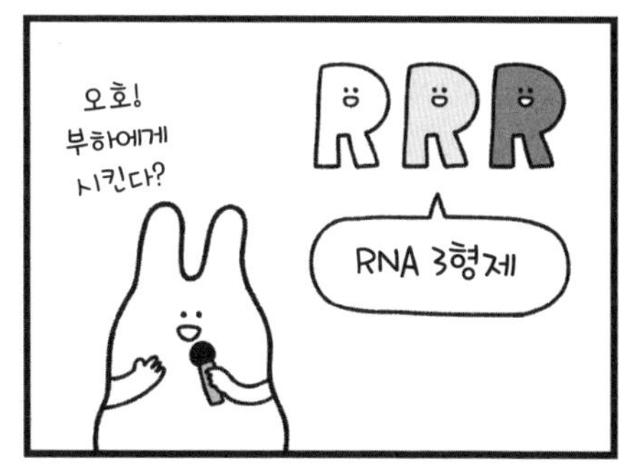

단백질

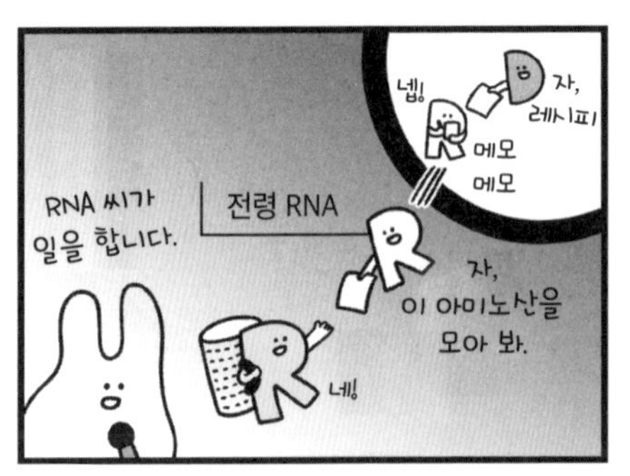
RNA 씨가 일을 합니다.
전령 RNA
넵!
자, 레시피
메모 메모
자, 이 아미노산을 모아 봐.
네!

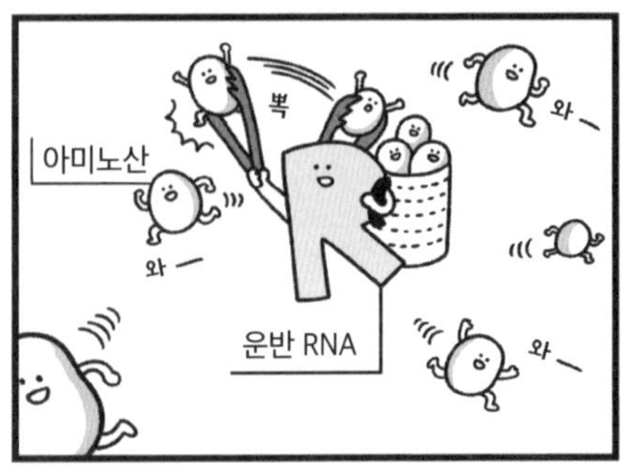
아미노산
뽁
와—
와—
운반 RNA
와—

리보솜 RNA
끼워.
여기 있어.
윽!
뿌직
줄줄이 엮어~

단백질 왔어요.
부탁해요.
단백
항상 고마워요.
아미노산이 들러붙어서 단백질이 되는군.

머리카락

단백
그걸로 뭘 하나요?

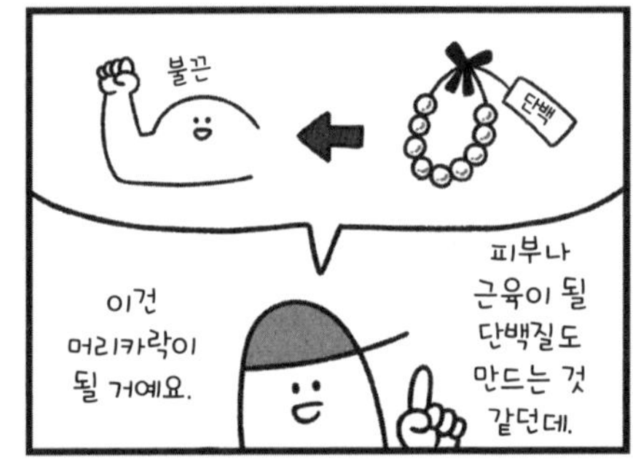
불끈
단백
이건 머리카락이 될 거예요.
피부나 근육이 될 단백질도 만드는 것 같던데.

드디어
머리카락이 되었어—
삐죽

무지 덥죠?
지~잉
시원하게 싹 잘라 주세요.

사람과 사람의 차이

비타민 C

중립론

아~ 그건 말이야.
진정해.
이런 일이 있었대요.

나무 열매에서 비타민 C를 충분히 얻으니까 만들 필요가 없거든.

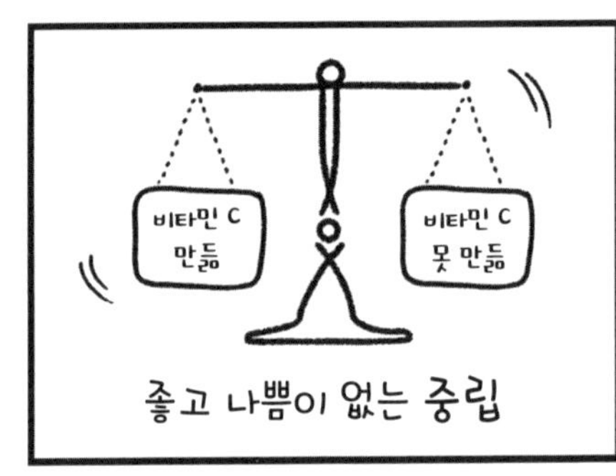
비타민 C 만듦
비타민 C 못 만듦
좋고 나쁨이 없는 중립

비타민 C를 못 만드는 동물
이런 중립 유전자가 우연히 퍼져 진화하는 거야.
코끼리
인간
모르모트
아하~

생물의 본체

뇌사라는 게 있는데 생물에게 본체는 뇌일까요?

뇌가 없는 생물도 많아요.
뇌는 비교적 최근에 생겼거든요.

가장 오래된 기관은 장으로 알려져 있으니
뇌, 위, 간은 장에서 나왔을 가능성이 큽니다.

또 입과 항문은 원래 같은 기관이었어요.
우웩~
쭉

이빨의 정체

신기하게 생긴 이 화석은 무엇인가요?
으
음

상어 이빨인데
복원을 못해서 …

이빨…?
상어…?

짜——잔!
나 멋지지?
헬리코프리온
복원하기 어려운 신비한 상어
(정확하게는 은상어: 전두류)

삼엽충

고생대에 크게 번성한 삼엽충입니다.

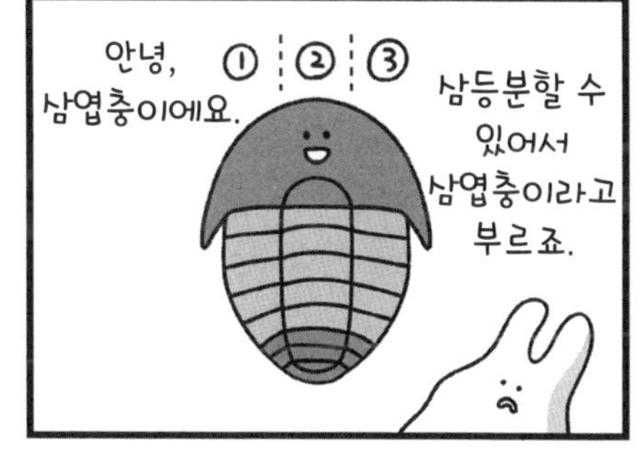

안녕, 삼엽충이에요.
① ② ③
삼등분할 수 있어서 삼엽충이라고 부르죠.

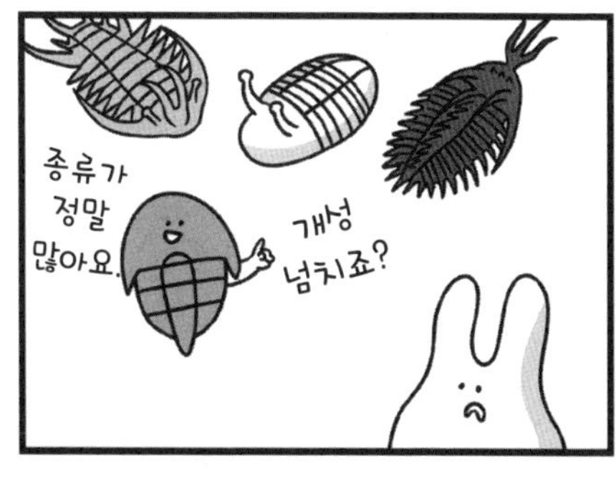

종류가 정말 많아요.
개성 넘치죠?

미안한데 너무 징그러워!
홱!

수수께끼 화석

이렇게 작은 걸 찾았어.
봐!
쓰레기 같아…
1mm

헤헤, 그건 바로 나의

어깨 패드야!
어깨 넓어 보이라고…
패드?

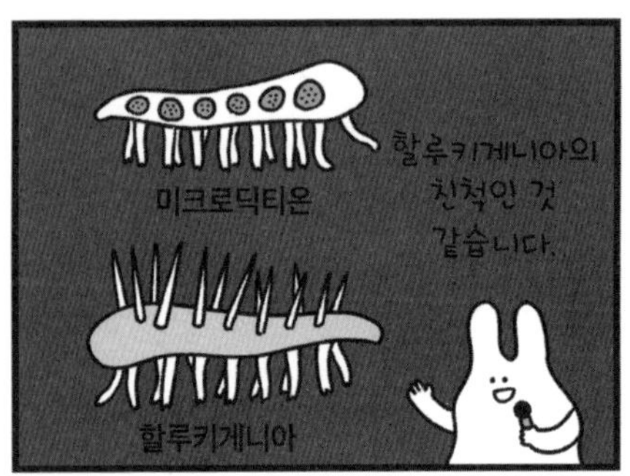
미크로딕티온
할루키게니아의 친척인 것 같습니다.
할루키게니아

공룡

잠깐 인터뷰 부탁합니다.
아, 네.

1억 년이나 지구를 지배하다가 거의 다 멸종된 기분이 어떠신가요?

네? 공룡이
멸종했어요?

맙소사!
아… 아니 언제? 왜? 어쩌다가? 말… 말해 줘!

상어

첨-벙

상어 씨!
생존 경쟁에서 판피류,
어룡, 수생 파충류에
모두 이겼죠?

데본기에 탄생해 현재까지
외모도 거의 그대로
유지해 왔는데 내 이야기를
다루지 않아 정말
아쉽더군요.

음…
그럴 것까진 없는데…
작가를 대신해
사과드립니다.
미안요.

진짜 마지막

이걸로
내 임무는
끝났어.
후-우

마지막
한 말씀 부탁합니다.
샤
옙.
그러니까…

독자 여러분이
조금이라도
조상과 사라진
생물들을
기억하고
떠올리면
좋겠습니다.

그럼 여러분 다시 만나요.
안녕~

무대 뒤

오케이 컷!
생물 진화
2021. 12

뒤풀이 갈 사람 이쪽으로 모이세요.
저요-

끝났다!
수고했어.
수고하셨습니다.

고깃집 가자.
뭐 먹지?

헤헤
진핵 군 잘했어요.

그럼그럼~
뒤풀이 가니?

수고
수고했어요.
후
끝났네.

생물 진화팀

생물
진화팀

감수의 글

자자, 일단 앉아 보세요. 여러분은 이제부터 한 편의 드라마를 볼 겁니다. 세상에서 가장 재밌는 드라마죠. 이 드라마는 지구 생물의 역사입니다. 우리 모두의 이야기죠.

이 드라마에는 매력 넘치는 등장인물들이 대거 등장합니다. 등장인물 중에는 살다 살다 허파가 생겨 버린 물고기도 있습니다. 갑자기 산소가 늘어나 몸집이 커져 버린 곤충도 있고요. 온몸에 깃털이 나는 바람에 복슬복슬하고 귀여워진 공룡들도 빼 먹으면 섭섭합니다.

이 드라마, 블록버스터급 반전이 참 많습니다. 화산이 한꺼번에 폭발해 지구 온난화가 찾아오고, 예고도 없이 커다란 돌덩어리가 우주에서 날아오기도 하죠. 이때 등장인물들은 대폭 물갈이됩니다. 살아남은 인물들끼리는 서로서로 치고받고 경쟁하죠. 누가누가 생태계의 왕좌를 차지할까요? 크고 힘센 생물이 항상 이길까요? 보이는 게 전부가 아닙니다. 작고 힘없는 녀석에게도 기회는 찾아오기 마련입니다.

그런데 지구 생물의 드라마는 시작한 지 벌써 40억 년이 훌쩍 넘어 버렸습니다. 처음부터 지금까지의 이야기를 따라잡으려면 무척 골치 아플 수가 있습니다. 도전해 보려다 포기하고 마는 사람이 참 많습니다. 그래서 이 책이 세상에 나타났나 봅니다. 그것도 이해하기 쉽게 만화책이네요. 바닷속 삼엽충부터 커다란 공룡까지, 생명의 역사와 진화의 이야기를 이렇게 동글동글하고 귀여운 모습으로 바라본 건 처음일 겁니다. 여러분이 이 책을 읽으면 아기자기한 그림체에 마음이 녹고 알찬 내용에 감동할 거라고 생각합니다. 저도 그랬거든요.

생명의 역사를 공부하다 보면 깨닫게 되는 게 하나 있습니다. 바로 역사는 수많은 우연들로 가득하다는 사실입니다. 만약 물고기에게 허파가 생기지 않았다면 어떻게 되었을까요? 척추동물은 과연 물 밖으로 나올 수 있었을까요? 공룡 시대가 끝날 무렵 운석이 떨어지지 않았다면요? 우리는 지금도 공룡의 그늘 밑에 숨어 지내야 했을지도 모릅니다.

우리 모두는 이렇게 우연한 사건, 사고 들이 복잡하게 얽히고설켜서 만들어졌습니다. 계획된 각본이 전혀 없었던 거죠. 이렇듯 생명의 역사는 일일연속극이었고 지금도 진행 중입니다. 그리고 잊지 말아야 할 것은 우리도 이 드라마의 등장인물이라는 점입니다.

박진영(공룡학자)

감수의 글

생명이 진화한 이야기는 대단히 역동적이고 매력적입니다. 이 책에서는 그 멋진 이야기를 느긋하게 즐길 수 있습니다.

꼭 알아야 할 내용을 추린 짧은 글과 동글동글 귀엽게 그린 그림이 여러분을 사로잡으리라고 확신합니다. 생물 진화 분야는 나날이 발전하고 여러 학설이 뒤섞여 있습니다. 내용도 워낙 방대해서 텔레비전 프로그램으로 만든다면 3개월 분량은 될 테고, 책으로 엮는다면 아마 7~8권은 충분히 만들 수 있을 것입니다.

이렇게 어마어마한 생명의 역사를 우선 쉽고 흥미롭게 알고 싶은 분들에게 이 책을 권합니다. 이만큼 부담 없이 즐기면서 재미있게 이해할 수 있는 책은 없을 테니까요. 그러면서도 생명 탄생부터 공룡 멸종에 이르기까지 40억 년 가까운 시간을 제대로 즐기기는 쉽지 않습니다.

아무쪼록 생명의 역사와 고생물의 세계가 주는 재미와 즐거움을 만끽하고, 더 깊이 있게 다가가는 계기가 되기를 바랍니다.

쓰치야 겐(과학 전문 저술가)

참고 문헌

단행본

쓰치야 겐, 《데본기의 생물》, 군마현립자연사박물관 감수(土屋健, 《デボン紀の生物》, 群馬県立自然史博物館 監修, 2014, 技術評論社).

쓰치야 겐, 《백악기의 생물》(상 · 하), 군마현립자연사박물관 감수(土屋健, 《白亜紀の生物》(上 · 下), 群馬県立自然史博物館 監修, 2015, 技術評論社).

쓰치야 겐, 《석탄기 · 페름기의 생물》, 군마현립자연사박물관 감수(土屋健, 《石炭紀 · ペルム紀の生物》, 群馬県立自然史博物館 監修, 2014, 技術評論社).

쓰치야 겐, 《에디아카라기 · 캄브리아기의 생물》, 군마현립자연사박물관 감수(土屋健, 《エディアカラ紀 · カンブリア紀の生物》, 群馬県立自然史博物館 監修, 2013, 技術評論社).

쓰치야 겐, 《오르도비스기 · 실루리아기의 생물》, 군마현립자연사박물관 감수(土屋健, 《オルドビス紀 · シルル紀の生物》, 群馬県立自然史博物館 監修, 2013, 技術評論社).

쓰치야 겐, 《쥐라기의 생물》, 군마현립자연사박물관 감수(土屋健, 《ジュラ紀の生物》, 群馬県立自然史博物館 監修, 2015, 技術評論社).

쓰치야 겐, 《트라이아스기의 생물》, 군마현립자연사박물관 감수(土屋健, 《三畳紀の生物》, 群馬県立自然史博物館 監修, 2015, 技術評論社).

피터 워드 · 조제프 커슈빙크, 《새로운 생명의 역사》, 이한음 옮김, 2015, 까치(Peter Ward and Joseph Kirschvink, *A New History of Life : The Radical New Discoveries about the Origins and Evolution of Life on Earth*, 2015, New York : Bloomsbury.

Bruce Alberts 외, 《필수세포생물학》(제5판), 김균언 · 김문교 · 김영상 외 옮김, 박상대 감수, 2019, 라이프사이언스(Bruce Alberts, Dennis Bray and Karen Hopkin et al., *Essential Cell Biology*, 1997, New York : Garland Pub.).

《Newton 별책 분자 차원에서 본 진화 메커니즘 게놈진화론》(《Newton別冊 分子レベルでせまる進化のメカニズム ゲノム進化論》, 2015, ニュートンプレス).

논문

Steven M. Stanley, 2016, "Estimates of the Magnitudes of Major Marine Mass Extinctions in Early History," *Proceedings of the National Academy of Sciences* 113(42) : E6325-E6334, DOI : 10.1073/pnas.1613094113.

세상에서 가장 쉬운
생물진화 강의

1판 1쇄 인쇄 | 2022년 3월 24일
1판 1쇄 발행 | 2022년 3월 31일

지은이 | 다네다 고토비
옮긴이 | 정문주
감수자 | 쓰치야 겐 · 박진영

발행인 | 김기중
주간 | 신선영
편집 | 민성원, 정은미, 백수연
마케팅 | 김신정, 김보미
경영지원 | 홍운선

펴낸곳 | 도서출판 더숲
주소 | 서울시 마포구 동교로 43-1 (04018)
전화 | 02-3141-8301
팩스 | 02-3141-8303
이메일 | info@theforestbook.co.kr
페이스북 · 인스타그램 | @theforestbook
출판신고 | 2009년 3월 30일 제2009-000062호

ISBN | 979-11-90357-88-3 04470
979-11-90357-93-7 (세트)

* 이 책은 도서출판 더숲이 저작권자와의 계약에 따라 발행한 것이므로
본사의 서면 허락 없이는 어떠한 형태나 수단으로도 이 책의 내용을 이용하지 못합니다.
* 잘못된 책은 구입하신 곳에서 바꾸어 드립니다.
* 책값은 뒤표지에 있습니다.
* 독자 여러분의 원고 투고를 기다리고 있습니다. 출판하고 싶은 원고가 있는 분은
info@theforestbook.co.kr로 기획 의도와 간단한 개요를 적어 연락처와 함께 보내주시기 바랍니다.